Modernität und kulturelle Identität

Dresden Philosophy of Technology Studies
Dresdner Studien zur Philosophie der Technologie

Edited by/Herausgegeben von Bernhard Irrgang

Vol./Bd. 2

PETER LANG
Frankfurt am Main · Berlin · Bern · Bruxelles · New York · Oxford · Wien

Bernhard Irrgang/Sybille Winter (Hrsg.)

Modernität und kulturelle Identität

Konkretisierungen transkultureller Technikhermeneutik im südlichen Lateinamerika

PETER LANG
Internationaler Verlag der Wissenschaften

Bibliografische Information der Deutschen Nationalbibliothek
Die Deutsche Nationalbibliothek verzeichnet diese Publikation in der Deutschen Nationalbibliografie; detaillierte bibliografische Daten sind im Internet über <http://www.d-nb.de> abrufbar.

Umschlagabbildung:
Blick auf Ushuaía – südlichste Stadt Argentiniens
Foto: Sybille Winter

ISSN 1861-423X
ISBN 978-3-631-56693-0

www.peterlang.de

Vorwort

Dieses Buch bietet einen Einblick in die verschiedenen Bereiche von Identität und Modernität. Identität kann als Ich-Identität, als kollektive Identität als nationale Identität usw. verstanden werden. Es wird von den Autoren jeweils eine spezielle Sichtweise zur Beziehung von Modernität und Identität deutlich. In Europa wurden die in der Aufklärung entwickelten Modernitätsprinzipien in die anerkannten Lebensformen eingegliedert. Lateinamerika entwickelte sich dahingehend anders, indem Modernität zu einer Ideologie heranwuchs, deren soziale Umsetzung bis weit ins 20. Jahrhundert von den Regierenden unterdrückt wurde oder nur als Lippenbekenntnis existierte. Die Praxis stand dazu jedoch in krassem Widerspruch. Als intellektuelle Haltung ist Modernität seit dem 19. Jahrhundert in Lateinamerika akzeptiert, jedoch im sozialen Alltag umgesetzt wird sie nicht. Europa entwickelt mithilfe der Modernität seine Identität und wächst mit ihr heran. Für Lateinamerika bedeutet Modernisierung vielfach eine Aufstülpen von Prinzipien, Technologien und kulturellen Vorstellungen, die nicht aus sich selbst erwachsen können und konnten. Die daraus resultierenden Probleme sind vielfältig und durch jahrhundertelange Prozesse fundiert.

Ricardo Salas kennzeichnet in seinem Beitrag die Verbindung von Kultur, Entwicklung und Technologie innerhalb der Mapuche-Gebiete. Hervorgerufene Probleme analysiert er und fordert für eine gleichberechtigte Existenz der Mapuche die Politik der Anerkennung. Um diesem Druck der Modernisierung, die von außen erfolgt, stand zu halten, ist es notwendig Minderheiten zu integrieren und ihre kulturellen Potentiale für eine kollektive Identität zu nutzen. Diese theoretisch-praktische Forderung soll einen exemplarischen Entwurf für Minderheiten darstellen, der sie innerhalb der Weltökonomie berücksichtigt und mit einbezieht. Diese Theorie ist nicht ohne Schwierigkeiten zu betrachten, jedoch notwendig, da die Modernisierung an Grenzen nicht halt macht.

Fidel Tubino zeigt das Scheitern des Modernisierungsprojektes auf und stellt die Bedeutung der kulturellen Traditionen der Dörfer heraus. Er analysiert, welche Gründe zu einem Scheitern beitragen und kennzeichnet den notwendigen Dialog zwischen den verschiedenen Kulturen. Die indigenen Völker benötigen einen Impuls, um an der Modernität teilzuhaben und nicht als zurückgezogene Objekte verstanden zu werden.

Felipe Mansilla entwirft Identität in Verbindung zur geschichtlichen Entwicklung als Fundament für die jeweils spezielle Entwicklung der Länder Lateinamerikas. Ein Kennzeichen für eine rückschreitende Entwicklung ist die Sprache. So kann anhand fehlender indigener Begriffe festgestellt werden, dass die indigenen Sprachen in ihrer Entwicklung seit dem 16. Jahrhundert stehen geblieben sind. Es gibt für moderne politische Begriffe, technologische und wissenschaftliche Probleme kaum angemessene Ausdrücke. Ausgehend davon thematisiert er die Spannung zwischen traditionellen partikularistischen Werten und modernen universalistischen Zwängen.

Bernhard Irrgang stellt die Frage nach alternativen Modernitäten. Die Geschwindigkeit, wie kulturelle Identitäten transformiert und zerstört werden, ist enorm. Technologisierung spielt in diesem Zusammenhang eine entscheidende Rolle und wird in diesem Beitrag ausführlich behandelt. Es schließt sich somit die Frage an, ob es möglich ist, alternative Wege zu beschreiten oder einen Ausweg aus der „Modernisierungsfalle“ zu finden.

An dieser Stelle danke ich den Autoren, die durch ihre interessanten Beiträge diesen Band ermöglicht haben sowie Prof. Bernhard Irrgang, der einen wesentlichen Anteil am Erscheinen dieses Buches hat.

Zittau, März 2007 Sybille Winter

Inhaltsverzeichnis

Einleitung

Modernisierung ist scheinbar die Zauberformel, denn im Sinne der Globalisierung soll weltweit ein einheitliches technisches, zivilisatorisches, kulturelles und weltanschauliches Niveau hergestellt werden. Man geht davon aus, dass das Ziel sich von selbst einstellen wird, wobei nicht darüber nachgedacht wird, ob wir dieses Ziel überhaupt erreichen wollen und wenn ja, welche Voraussetzungen dabei zu erfüllen sind. Habermas schrieb 1988 in seinem Werk „Der philosophische Diskurs der Moderne", dass die Moderne ein unvollendetes Projekt ist (Habermas 1988, 7). Arnold Gehlen hingegen dokumentierte das Phänomen in der Art, dass er Folgendes feststellte: die Prämissen der Aufklärung sind tot, nur ihre Konsequenzen laufen weiter. Er unterschied die gesellschaftliche Modernisierung von der kulturellen Moderne. Nietzsche bezieht seine ‚Kritik der Modernität' auf die Wissenschaften, Künste und die Politik. Seiner Meinung nach folge das Moderne, die Modernität aus einer Fehlentwicklung, die mit der Lehre des Sokrates einsetzte und über das Christentum, den Protestantismus, die Aufklärung und die sozialistischen Ideen des 19. Jahrhunderts in seiner Gegenwart kulminiere.

Viele Menschen verbinden mit dem Begriff der Moderne eine großartige Faszination, aber sie wird auf der anderen Seite auch als fremde, bedrohende Macht angesehen. Gerade auf die Länder der Dritten Welt entfaltet die Moderne eine gewagte Wirklichkeit, die mit ihrer eigenen Geschichte und den kulturellen Wurzeln nicht homogen ist, sondern oftmals aufgedrängt erscheint. Die Modernisierung stellt die Identität und die Freiheit dieser Länder in Frage, d.h. ihr eigentliches Fundament. In Lateinamerika haben wir es mit dem speziellen Fall zu tun, dass viele Länder unter diesem Begriff eingeordnet werden, Lateinamerika stellt aber keine Einheit dar. Lateinamerika, untergliedert in Mittel- und Südamerika, wiederum durch die einzelnen Länder gekennzeichnet, die innerhalb eines Landes wieder Regionen aufweisen, die ganz andere historische Wurzeln haben als andere Gebiete oder Länder, kann als großes Puzzle dargestellt werden, indem jedes einzelne Teil seine Identität zur Gesamtheit des Ganzen beiträgt.

„Die geographische Einheit hat in Lateinamerika nie zu einer politischen Einheit geführt, weil die verschiedenen Kolonien, aus denen die lateinamerikanischen Gesellschaften hervorgegangen sind, jahrhundertelang ohne Kontakt nebeneinander bestanden haben" (Ribeiro 1980, 315). Lateinamerika ist trotz dieser ausgeprägten Unterschiede hinsichtlich der Herkunft der Kolonisatoren und der jeweiligen Bedeutung einer indianischen, afrikanischen oder sonstigen Bevölkerung eine Einheit aufgrund der iberischen Expansion. Aus dieser Mischung verschiedener Bevölkerungsgruppen entstanden Mestizenvölker, die aus allen kulturellen Einflüssen Elemente überliefert haben und somit den Homogenisierungsprozess vorantrieben. Ebenfalls trug die Prosperität der Kolonialwirtschaft zur Homogenisierung bei, die das soziale Leben bis ins kleinste

Detail regelte. Ziel war es, die Kolonie zum Nutzen des Mutterlandes zu verteidigen und zu entwickeln. „Der Begriff Lateinamerika wird sehr aussagekräftig, wenn er dem Begriff Anglo-Amerika gegenübergestellt wird, und zwar nicht nur im Sinne der Kultur, sondern besonders in Bezug auf den sozio-ökonomischen Bereich. Beide stehen einander als das arme beziehungsweise das reiche Amerika gegenüber, und ihre Beziehungen zueinander sind asymmetrisch. Man kann sagen, dass die Lateinamerikaner besonders im Gegensatz zum reichen Amerika eine einheitliche Identität haben" (Ribeiro 1980, 326)

Bei der Betrachtung der wirtschaftlichen, politischen und sozialen Entwicklung Lateinamerikas spielt die Bezeichnung nicht die entscheidende Rolle, sondern es ist bedeutsam, ob strukturelle Gemeinsamkeiten vorhanden und wie diese zu bewerten sind. Eine erste Gemeinsamkeit bildet der geschichtliche Werdegang, den als Grundschema alle lateinamerikanischen Länder durchlaufen haben: Kolonialzeit; Unabhängigkeitskriege; Integration auf dem Weltmarkt als Rohstofflieferanten; Herausbildung eines handlungsfähigen Staats- und Verwaltungsapparates; Industrialisierung nach der Weltwirtschaftskrise; in den 80er Jahren wirtschaftliche Stagnation und internationale Verschuldung; in den 90er Jahren wirtschaftliche Öffnung im Zeichen neoliberaler Reformen.

Ein weiteres Merkmal ist in dem Nebeneinander von Kleinbesitz und Großbesitz innerhalb der Agrarstruktur zu verzeichnen. Außerdem als Gemeinsamkeit herauszustellen ist, dass in ganz Lateinamerika die Verstädterung nicht eine Folge der Industrialisierung darstellte, sondern dass sie sich eigendynamisch entwickelte. Dadurch lässt sich die große Aufblähung des privaten Dienstleistungssektors und des informellen Sektors erklären. Die Verstädterung trug dazu bei, dass sich das Entwicklungsgefälle zwischen den Großstädten und dem Hinterland enorm vertiefte. Des Weiteren sind innerhalb eines Landes extreme Entwicklungsdifferenzen zwischen den verschiedenen Regionen zu verzeichnen. Alle genannten Punkte deuten deshalb darauf hin, dass es in Lateinamerika kein Land gibt, welches zu den internationalen und wirtschaftlichen Machtzentren gehört.

Letztendlich beinhaltet die Bezeichnung Lateinamerika Einheit und Vielfalt, ein Begriffspaar, das deutlich macht, in welche Richtung die wirtschaftlichen, politischen und sozialen Entwicklungen im 21. Jahrhundert gehen werden. „Die Vorstellung von der ‚Einheitlichkeit' Lateinamerikas zielt auf die für alle Länder der Region charakteristischen sozioökonomischen, soziokulturellen, sozialen und politischen Merkmale ab. [...] Die Vorstellung von der ‚Vielfalt' hebt auf die unterschiedlichen historischen Entwicklungen der Länder ab. Sie betont deren gesellschaftliche Individualität und siedelt die Entwicklungs- und Strukturprobleme Lateinamerikas im jeweiligen nationalen Kontext an" (Nohlen/Nuscheler 1995, 13). „Einheit und Vielfalt" sind zwei eng miteinander verflochtene Ausgangspunkte, um die historische und aktuelle Wirklichkeit der Regionen zu durchdringen.

Auf der einen Seite ist die Moderne eine sich ständig entwickelnde Wirklichkeit, die alle Gesellschaften unserer Erde in irgendeiner Art und Weise beeinflusst und auf der anderen Seite müssen die Länder, die diese Entwicklung nicht eigenständig hervorgebracht haben, mit diesen Veränderungen leben, ob sie wollen oder nicht. „Kennzeichen der Moderne sind industrielle Produktionsweisen, die moderne Wissenschaft und Technologie sowie die systematische, wachstumsorientierte Organisation dieser Bereiche; ferner der moderne Verkehr zu Lande, zu Wasser und in der Luft, mit der Möglichkeit, in relativ kurzer Zeit an jeden beliebigen Punkt des Globus zu gelangen; der Weltmarkt; die modernen Kommunikationsmittel und die durch sie erreichte weltumfassende Kommunikationseinheit der Menschheit. Das Entstehen dieser Moderne ist mit bestimmten geistigen Strömungen untrennbar verbunden, nämlich mit dem Rationalismus, mit der Idee der Machbarkeit, mit der Säkularisierung und damit verbunden mit dem religiösen und weltanschaulichen Pluralismus und mit dem Individualismus“ (Irrgang 2006, 16). Diese Entwicklung der Moderne trägt dazu bei, dass sich die Grenzen der zwei Pole von modernen Industriestaaten und unterentwickelten Dritte-Welt-Ländern zu verwischen beginnen.

Die Gesellschaft eines Landes prägt das jeweilige Bild ihrer Moderne, das sich ständig weiterentwickelnde und ständig in Veränderung befindende Resultat der Kräfte ist, die in den modernen Industriestaaten wirken. Modernisierung ist an dem Zusammenwirken neuer Machtkonstellationen beteiligt und so kontrolliert eine modernisierte Minorität den modernen Wirtschaftssektor, forciert den westlichen Lebensstil und hat an der internationalen modernen Lebenskultur teil, während die Mehrheit der Bevölkerung oft unter stetig wachsender Armut und Verelendung leidet und sich kulturell nicht an der Moderne orientiert, sondern an ihren althergebrachten traditionellen Denkmustern, Einstellungen und Werten. Für diese Masse folgt die Entwurzelung und Individualisierung, da das fortschreitende Zusammenbrechen der traditionellen Gesellschaftsstrukturen seinen Lauf nimmt.

Der Mensch vermag nicht ohne Identität zu leben, die ihm zu einer Genuinität mit dem Anspruch auf ein eigenes Lebensrecht verhilft. Kultur vermittelt sinnstiftendes Wissen und diese Sinnstiftung bestimmt die kulturelle Identität eines Staates. Ebenfalls sind Prozesse des ökonomischen Wachstums und des Technologietransfers im Hinblick auf ihre kulturelle Integration abzustimmen, wenn sie von dauerhafter Wirkung sein sollen. Auch der Staat kann und darf die kulturelle Identität im Wettlauf um die technologischen Vorteile nicht aufs Spiel setzen. Die kulturelle Identität bestimmt, wie jemand das eigene und auch das fremde Leben sieht. Die evolutive gesellschaftliche Identität wird von kulturellen Werten bestimmt, die Werkzeuge einer bewussten Anstrengung sind, um Veränderungen aus der Deutung der Vergangenheit und der Verknüpfung mit der Zukunft zu bewirken. Kultur ist als Ganzheit evolutionär, wandelt sich dynamisch mit den zu lösenden Problemen oder sie vergeht im historischen Verlauf. Ausschlaggebend für das Einander Verstehen ist, dass der Mensch in seiner

Welt, in seinen Lebensabläufen lebt und alles durch die in der Lebensgemeinschaft vorherrschenden Sinndeutungen betrachtet, eben durch die Kultur. Ideen haben mit besonderen Moral- und Ethikvorstellungen, Politik, Religion und nicht zuletzt mit ökonomischen Abläufen zu tun. Notwendig, um Andere und Anderes zu verstehen, ist, die kulturelle Distanz sowie die Fremdheit zu überwinden. Wissenschaft und Technologie müssen sprichwörtlich akkulturiert werden. Prallen Kulturen und Technologien aufeinander, entsteht entweder das Moment des Widerstandes oder der gewünschten Integration. Technologie verweist zurück auf ein Wertsystem, das teilweise oder gar völlig im Widerspruch zu den lokalen kulturellen Verhältnissen steht. Technologie muss in den Zusammenhang gebracht werden mit Faktoren der Spezifizierung wie der Sprache, der Kosmologie, der Religion, dem philosophischen und auch dem politischen Denken, den sozialen und politischen Institutionen, die Auswirkungen auf die jeweilige Identität haben. Wissenschaft und Technologie müssen einen Anpassungsprozess durchlaufen, damit sie an die entsprechende Kultur angeglichen werden können, für die sie bestimmt sind (Barlöwen 1995, 75-78).

In einer industrialisierten Gesellschaft trat an die Stelle des Glaubens das Wissen, da der Glaube nicht länger ausreichte, um diese Funktionen und Kausalzusammenhänge zu mechanisieren und zu kontrollieren. Die Funktion der Religion war die Bewahrung und der Schutz des Wissens, welches sich aus sich selbst heraus begründete und zum einen vor dem Wandel der Zeiten und zum anderen vor Missbrauch durch Unbefugte schützte. Als sich die Wissenschaften von der Religion emanzipierten, wurde die Funktion in der Art überflüssig, wie das Wissen fähig wurde, sich selbst aufgrund seiner Komplexität zu schützen. Die „Technisierung des Alltags" kann sich nur unter Rückbeziehung auf Mythen vollziehen, die an die Stelle einer für Ausgeschlossene nicht reduzierbaren Komplexität des Wissens treten. Der Begriff des Mythos verlagerte zunächst Kausalitäten auf Gottheiten. Die Technologie als Lehre wird nun selbst zum Mythos, da das Postulat der Kausalität, die Funktion der Erklärbarkeit zur Vorbedingung der Gültigkeit aller Theorie nun selbst zum Merkmal der Moralität begründbaren Handelns geworden ist. Als zentrales ‚Identitätsmerkmal der industrialisierten Gesellschaft' gilt, was in der mittelalterlichen Gesellschaft noch als prima causa non causata galt, musste und konnte nicht kontrolliert und gesteuert, sondern nur vermittelt werden. Aber Technik als prägendes Element moderner Kommunikationsstrukturen verlangt dagegen nach Steuerung und Kontrolle. In der Gleichsetzung von Kausalität als Erklärbarkeit und Kontrollierbarkeit liegen das Gefährdungspotential wie auch die Identität der industrialisierten Gesellschaft (Metzger 1993, 197).

Die amerikanische Utopie inspirierte die Alte Welt zum Kampf um Modernität, die als eine freiere und rationalere Gesellschaftsordnung verstanden wurde. Die Eroberung stellte den ersten Schritt zur Bildung des Weltmarktes dar, durch den der Kapitalismus und seine Logik als materielles Fundament für die europäische Modernität in Erscheinung treten sollten. Amerika war während der im 18. Jahrhundert aufkommenden Aufklärung kein bloßer Zuschauer. Reformkreise etablierten sich sowohl in der Alten als auch in der Neuen Welt. Es kam überall das Bedürfnis auf, die Gesellschaft und ihre Institutionen zu reformieren und so einen Weg für die politische und intellektuelle Freiheit zu ebnen. Das Stagnieren der merkantilen Wirtschaftsweise unterminierte jedoch in Lateinamerika die ideologischen und sozialen Forderungen der Modernität. Es erlangten jene Gruppen die politische Macht, die ein enges Verhältnis zu Willkür und Ungleichheit hatten. Die Modernität wurde dadurch in Lateinamerika zu einer Ideologie, deren soziale Umsetzung bis weit ins 20. Jahrhundert von den Regierenden unterdrückt wurde, während die in der Aufklärung entwickelten Modernitätsprinzipien in Europa in die anerkannten Lebensformen eingegliedert wurden. In Lateinamerika ist Modernität seit dem 19. Jahrhundert als intellektuelle Haltung akzeptiert, aber nicht als Anwendung im sozialen Alltag (Quijano 1992, 74/75). Die Moderne hat die überlegenere Anziehungskraft, denn der Mensch bewundert, was Erfolg hat, Erfolg aber bemisst sich letztlich an der Macht (Magnis-Suseno 1990, 20-23).

Nun stellt sich die Frage, warum eine Abkopplung der Entwicklungsländer von der Moderne unmöglich erscheint? Das liegt zum einen an der Kolonialgeschichte, die den Ländern dazu verhalf, sich in das jeweilige Wirtschaftssystem integrieren zu müssen und zum anderen kam es durch die Kolonialisierung zum Zusammentreffen zwei verschiedener Kulturen mit ihren eigenen Lebens- und Wertvorstellungen. Dieses Aufeinandertreffen verursachte natürlich ebenfalls, dass sich Veränderungen sowohl auf der einen als auch auf der anderen Seite vollzogen. Das Ergebnis für die Kolonien war wachsende Abhängigkeit von Wirtschaft, Politik, Technik und Kultur und das Schwanken des Gleichgewichtes, welches in diesen Ländern bis dahin vorhanden war. Viele traditionelle Wirtschaftsstrukturen, hygienische Gewohnheiten, Bildungsvorstellungen wurden aufgelöst oder stark verändert. Eingeführt wurden moderne Massenkommunikationsmittel und die Verlockungen des modernen Konsums (Magnis-Suseno 1990, 27f.).

Es ist nicht ratsam, der Moderne gänzlich den Rücken zu kehren, obgleich das auch gar nicht geht, sondern es muss vielmehr unsere Aufgabe sein, die positiven wie auch die negativen Begleiterscheinungen einer Moderne zu analysieren und zu reflektieren, um zukünftig im Sinne der Naturphilosophie ökologisch verträglich zu agieren.

Spricht man nun von moderner Entwicklung und ihren Auswirkungen, muss man den Umgang mit technischen Mitteln beleuchten. Im Hinblick darauf lassen sich nach B. Irrgang drei fundamentale Paradigmen unterscheiden: (1) Umgang mit Werkzeugen und natürlichen Prozessen. Dieser setzt implizites Wissen voraus und kann durch Vormachen gelernt werden. Implizites Wissen im Umgang mit technischen Mitteln ist weltweit vorhanden, auch wenn manche technische Mittel in einer technischen Kultur vorhanden sind, in anderen nicht. Auch auf dieser Ebene findet Techniktransfer statt, meist durch Wanderung kompetenter technischer Akteure. (2) Mit der industriellen Revolution entsteht eine Maschinentechnik und eine Form automatischer Produktion, die nicht allein mit implizitem Wissen bewältigt werden kann, sondern explizites theoretisches und technikwissenschaftliches Wissen voraussetzt. Dieses lässt sich aber mit den herkömmlichen Mitteln der Tradition technischen Wissens nicht mehr vermitteln, jedenfalls nicht in kurzer Zeit, sondern setzt eine höhergradige und spezialisierte technische Ausbildung voraus. Eine solche Kompetenz im Umgang mit Maschinen aufgrund einer Mischung von implizitem und explizitem Wissen hat zunächst nur der ausländische Ingenieur. Es handelt sich um abstrakte Fähigkeiten, die auf Universitäten und in der Industrie gelernt werden können und die Erfahrungen im Umgang mit Maschinen einschließen. Diese können zunächst nur dort gemacht werden, wo diese Maschinen auch vorhanden sind. Unter Anleitung lassen sich diese Umgangserfahrungen auch mit Maschinen erlernen und machen, allerdings mit höherem Arbeitsaufwand. (3) Umgang mit vernetzten technologischen Systemen wie Kernkraftwerken, Computern, Mobiltelefonen oder moderner Medizintechnik und Gentechnologie. Hier ist nicht nur explizites technisches Umgangswissen erforderlich, sondern auch naturwissenschaftliches und technologisches Wissen, welches noch eine Stufe abstrakter und entfernter vom impliziten Wissen ist. Der Erwerb des Umgangswissens mit derartigen Systemen scheint zumindest auf absehbare Zeit sehr langwierig zu sein und eine nicht geringe technische Ausbildung vorauszusetzen (B. Irrgang 2006, 21).

Die Akzeptanz und die Vermittlung von Fortschrittsglauben ist eng mit der Entstehung, Ausbreitung und Adaption von Wissen verbunden. Somit spielt die Schulbildung eine zentrale Rolle für die Akzeptanz und Adaption. Betrachtet man nur die Entwicklungsländer, so zeigen das relativ niedrige Bildungsniveau und die Analphabetenrate den Stand der Entwicklung. Die Entwicklung einer Gesellschaft ist häufig abhängig von der Durchschlagskraft von Technologietransfer und der Verfügbarkeit von Fach- und Führungskräften (Jonietz 1999, 200-210).

Witold Kwasnicki sieht den Prozess der Wissensentstehung als einen evolutorischen Prozess. Er vergleicht die Wissensentwicklung mit der biologischen Entwicklung und zieht Parallelen. Diesen Vergleich hat schon 1963 der Wissenschaftstheoretiker Karl Popper in seinem Buch „The Growth of Scientific Knowledge" gezogen, indem er auf die Wichtigkeit vielfältiger neuer Theorien (Vielfalt) und die Verwerfung falscher Theorien (Selektion) hingewiesen hat. Kwasnicki unterscheidet grundsätzlich zwischen Persönlichkeit und Individualität des Menschen. Die Persönlichkeit ist für ihn von Umwelteinflüssen beeinflusst und diese setzt er mit dem Phänotyp aus der Biologie gleich. Sie wird im Kindesalter durch Bildung und Erziehung entscheidend geprägt, aber sie wird auch vom Genotyp des Menschen bestimmt. Nach Kwasnicki ist der Genotyp das individuelle Wissen des Menschen. Das individuelle Wissen wird durch persönlichkeitsbezogene intellektuelle Bewertung von der Umwelt selektiert, darauf weist er explizit hin. Der Genotyp ist durch Vorbilder verschiedener hierarchischer Stufen vorbestimmt, die Kwasnicki „paragons“ nennt. Sie sind von langfristiger Bedeutung und umfassen folgende (vgl. Hullmann 2001, 15-17): (a) genetisch determinierte Vorbilder (z.B. psychologische Anlagen); (b) das Weltbild (z.B. religiöse Überzeugungen); (c) das Gesellschaftsbild (z.B. soziale, politische oder rechtliche Ideale); (d) das Wirtschaftsbild (z.B. Wirtschaftssystem); (e) die Wissenschaft und Technik (Verhältnis zur Natur) und (f) herrschende Paradigmen (z.B. technologische und ökonomische Paradigmen). Wissen wird demnach nie unabhängig von Personen aufgebaut und diese Personen sind nie unabhängig von Vorprägungen. Schon Aristoteles hat damals erkannt, dass Ideen nicht unabhängig von der Person zu trennen sind, die sie erzeugt und damit sind sie von Erfahrungen und Erinnerungen dieser Person abhängig.

Brian Arthur formulierte 1990 das Konzept der Pfadabhängigkeit und die neue positive Rückkopplungsökonomie. Technologietransfer lässt sich mit Hilfe dieser Theorie anders erklären und besagt, dass sich nicht hundertprozentig vorhersagen lässt, welche Technologie erfolgversprechend transferiert werden kann und welche der Innovationen sich am Markt durchsetzen werden. Die Nutzer spielen dabei eine große Rolle. Es reicht nicht mehr aus, die jeweilige Technologie anzubieten, sondern es sind Entwicklungs-, Transfer- und Nutzerpfade notwendig, damit eine neue Technologie auf der Grundlage bereits bekannter Praktiken Anwendung findet. Dieses Fundament von bereits bekannten und angewendeten Praktiken verändert sich von der jeweiligen Kultur zur anderen.

Unter Kultur versteht man jene grundlegenden Orientierungsmuster, die die Identität und den Zusammenhang zu allen Handlungen stiften und regulieren. Außerdem handelt es sich bei Kultur um zeitlich relativ überdauernde Verhaltensmuster, welche in erster Linie im sozialen Alltag vermittelt werden. Es handelt sich dabei nicht um die Etablierung kulturtypischer Riten und Praktiken (Reimann 1992, 26). Werden im Rahmen der „Hilfe zur Selbsthilfe“ Produktionsgüter importiert, so gelangen auf diese Weise gleichzeitig westliche Denkformen und Lebensstile in dieses Land. Wichtig für ein weltweites Verständnis ist die interkulturelle Kommunikation, die durch gesellschaftliche und politische Fundamente gewährleistet werden muss. Dabei wird als erstes Hindernis die Sprache angeführt, die in vielen kulturellen Gebieten variiert und es somit tatsächlich zu gewissen Barrieren kommen kann. Reimann stellt aber auch fest, dass nicht nur die Sprache, sondern auch die Unterschiede in Verhaltensregeln von Kulturen ein weiteres Problemfeld innerhalb der Kommunikation darstellen. Ein wesentlicher Punkt in der Diskussion um Kultur ist, dass es sich dabei um die Lebensform von Menschen handelt, die sich immerwährend mit der Natur und anderen Kulturen auseinandersetzen.

Auch der Technologietransfer wird durch erhebliche Barrieren behindert, die dem Austausch von Informationen, Know-how, Dienstleistungen etc. zwischen den Transferpartnern entgegenstehen. Barrieren sind die Bedingungen, die Akteure daran hindern, aktiv am Übertragungsprozess teilzunehmen. Vier wesentliche Hemmnisse müssen hier genannt werden: (1) Barriere des Nicht-Wissens; (2) Barriere des Nicht-Könnens; (3) Barriere des Nicht-Wollens; (4) Barriere des Nicht-Dürfens (Walter 2003, 23-27). Hemmende und fördernde Faktoren des internationalen Wissenstransfers sind auf der einen Seite Faktoren, die die Form des zu transferierenden Wissens betreffen und auf der anderen Seite die benötigte Wissensbasis untersuchen und Sprache, Kultur und räumliche Distanz betreffen. Die kulturellen Unterschiede sind die Grundlage, dass sich zwischen den einzelnen Ländern die Verhaltensweisen, Wissensbasen und Sprachen unterscheiden. Verhaltensweisen leiten sich aus den speziellen Vorbildern, Werten und Normen der Gesellschaft ab. Dabei spielen beim Wissenstransfer durch direkte Interaktion die Verhaltensweisen eine wichtige Rolle, da sie implizite Wissenselemente enthalten und den Kooperationsstil bedingen.

Durch die universale Ausbreitung von Wissenschaft und Technik, durch Verkehrs- und Kommunikationseinheit schließt der Globalisierungsprozess Menschen unterschiedlicher kultureller Herkunft zu einer Menschheit zusammen. „Wir sind Zeugen des Übergangs und der Transformation der bisherigen Geschichte, die immer Teilgeschichte war, in Weltgeschichte. Die globale Einheit der Menschheit betrifft freilich nur die zivilisatorische Ebene, insbesondere im wissenschaftlichen, ökonomischen, verkehrs- und kommunikationstechnischen Bereich, keineswegs jedoch kann von kultureller Einheit die Rede sein. Im Gegenteil: jener Prozess, der sukzessive zur globalen äußeren Verkehrseinheit geführt hat, lässt heute die verschiedensten Wertsysteme, Glaubensformen und Sinnbestimmungen aufeinanderstoßen, ohne dass abzusehen wäre, wie sich unter solchen Umständen eine Einigung verwirklichen ließe, welche die Menschen auch in ihrem Menschsein verbindet“ (Irrgang 2006, 34).

Es ist eine kulturübergreifende Kommunikation notwendig, welch die Ebene des Nebeneinander überschreitet und zur interkulturellen Verständigung führt. Aber interkulturelle Kommunikation gefährdet Identität, wenn sie gelingt. Dies kann zu einem kulturellen Orientierungsverlust führen. Kulturelle Identität wird, wenn sie unnachgiebig verteidigt wird, die Möglichkeit interkultureller Kommunikation begrenzen und behindern (Mall/Schneider 1996, 119f.).

Literatur

Barlöwen, Constantin von: Zur Bedeutung der Kultur für die entwicklungspolitische Arbeit. In: Piazolo, Michael (Hrsg.) 1995: Kulturelle Identität zwischen Tradition und Modernität: zur Bedeutung sozio-kultureller Faktoren in der entwicklungspolitischen Zusammenarbeit. München

Hullmann, Angela 2001: Internationaler Wissenstransfer und technischer Wandel: Bedeutung, Einflussfaktoren und Ausblick auf technologiepolitische Implikationen am Beispiel der Nanotechnologie in Deutschland. Heidelberg

Irrgang, Bernhard 2006: Technologietransfer transkulturell. Komparative Hermeneutik von Technik in Europa, Indien und China. Berlin

Jonietz, T. 1999: Technologieinduzierter Aspekt des weltwirtschaftlichen Strukturwandels. Dargestellt am Beispiel der lateinamerikanischen Schwellenländer. Frankfurt

Magnis-Suseno, F. von 1990: Neue Schwingen für Garuda. Indonesien zwischen Tradition und Moderne. München

Mall, R. A.; Schneider, N. 1996 (Hg.): Ethik und Politik aus interkultureller Sicht. Studien zur interkulturellen Philosophie 5

Metzger, Michael 1993: Das Expertentum in der modernen Industriegesellschaft. Stuttgart

Nohlen, Dieter; Nuscheler, Franz 1995: Handbuch der Dritten Welt. Südamerika. Bd. 2. Bonn

Quijano, Anibal 1992: Modernität, Identität und Utopie in Lateinamerika. In: FDCL 1992: Nach 500 Jahren – Stimmen aus dem Süden. Berlin

Reimann, H. 1992: Transkulturelle Kommunikation und Weltgesellschaft. Zur Theorie und Pragmatik globaler Interaktion. Opladen

Ribeiro, Darcy 1980: Unterentwicklung, Kultur und Zivilisation. Ungewöhnliche Versuche. Frankfurt a.M.

Walter, Achim 2003: Technologietransfer zwischen Wissenschaft und Wirtschaft. Wiesbaden

Hermeneutische Ethik und Politik der Anerkennung. Eine Interpretation der konfliktgeladenen Verbindung zwischen Kultur, Entwicklung und Technologie in den Mapuche-Gebieten

Ricardo Salas

I. Einleitung

Der Vorschlag von einer Anerkennungspolitik, der im Titel dieser Arbeit erscheint, verweist auf eine philosophische Diskussion, die sich grundsätzlich durch die Debatte um die Rechte der Gemeinschaften in der angelsächsischen Welt ausdrückt , speziell durch die verteidigende Haltung des kanadischen Philosophen Charles Tayler (1993). In diesem Beitrag stellen wir die Verbindung mit dem zentralen Thema des politischen Status der ethnischen Entwicklung oder der Identitätsentwicklung der indigenen Dörfer in Lateinamerika her, die in diesen letzten Jahren, vor allem für einheimische Führer, Lehrer, Agrarwissenschaftler, Juristen, Anthropologen, Ökonomen und Philosophen unter anderen, besorgniserregend geworden ist. Unsere speziell philosophische Sichtweise eröffnet den interdisziplinären Dialog mit anderen theoretischen Problemstellungen anderer Disziplinen. Durch professionelle Veröffentlichungen wurde in Chile die politische Frage der Anerkennung aufgeworfen (Bengoa, Saavedra 2002, Foerster y Al. 2004).

Unsere Hypothese besteht darin zu zeigen, dass dieses Problem der Anerkennung eng mit der Ausdehnung eines Systems der ökonomischen Rationalisierung der Welt verknüpft ist, welches tief in die Lebensarten der indigenen Bevölkerung eingegriffen hat. Um einen relevanten Teil der Regeln und Strukturen zu verstehen, die diesen komplexen Schnittpunkt zwischen vorherrschender rationaler Ökonomie und den hochgelehrten eigenen Formen der Lebenswelt der indigenen Minderheiten bestimmen, beabsichtigen wir der Hypothese zu folgen, dass „eine relative politische Autonomie existiert" (Foerster & Al, 2004, S. 384), wodurch man bei der kulturellen Bewertung aufgefordert wird, für den Zusammenstoß von Zweckmäßigkeiten Verständnis zu zeigen, trotz eines Konstruktionsprozesses der legitimen Machtbefugnisse. Diese Analyse ist Teil einer philosophischen Praxis, die beabsichtigt, sich mit anderen philosophischen Arbeiten zu vereinen, indem man sich über die ethischen, politischen und juristischen Aspekte eines multikulturellen Bürgertums oder ethnischen Bürgertums klar wird (Tayler, 1993, Kymlicka, 1996, Cortina, 1999 und Ricoer, 2004).

Der Charakter einer hermeneutischen Ethik reduziert sich nicht auf eine epistemologische Erweiterung der Themen zum multikulturellem Bürgertum und der Politik, die sich an das Verständnis der Rechte der indigenen Bevölkerung erinnert, sondern man bezieht sich auch auf ein teilweise vorhandenes ethisches

Vorverständnis, dass auf einer Annäherung der indigenen Wirklichkeit beruht und mit der Debatte, die man vor 500 Jahren die „Entdeckung Amerikas“ nannte, in Verbindung gebracht wird (Fornet-Betancourt, 2004). Die hermeneutische Modalität versteht sich nicht in einer theoretischen und abstrakten Art und Weise zu der aktuellen sozio-kulturellen Wirklichkeit und indigenen Ökonomie, sondern sie vertieft einige ethnisch-politischen Überzeugungen, wie die des Wertes und der Würde der Anderen, die in einem langen Prozess vom Zusammenführen interkultureller Erfahrungen mit den Gemeinschaften der Mapuche hervorgebracht werden. Ein wichtiger Teil der hier veröffentlichten Ideen erschienen im Rahmen einer Arbeitserfahrung auf diesem Gebiet mit unserem interkulturellen Team, das Projekte mit Forschungs-Aktionen schon mehr als 10 Jahre mit Organisationen und indigenen Gemeinschaften der Neuen Region und mit den städtischen Mapuche der hauptstädtischen Region von Chile fördert und koordiniert (Salas, 1996, 1997, 1999 und 2001).

In diesem speziellen Sinne legt dieser Artikel im ersten Teil nur die prinzipiellen theoretisch-praktischen Probleme einer Anerkennungspolitik und einer interkulturellen Ethik dar. Im zweiten Teil begrenzen wir unsere Ausführungen auf das Hinzufügen von drei zentralen Problemen, welche die Frage der vernünftigen Abgrenzung der Gebiete der Mapuche betreffen, bezugnehmend auf unsere Erfahrungen mit der Welt der ländlichen und städtischen Mapuche. Trotz beider Punkte projektieren wir letzten Endes rückbezüglich eine interkulturelle universale Politik (Salas, 2003).

Um unsere Darlegung zu beginnen, könnten wir über den Sinn des Titels unserer Arbeit reflektieren. Wir sind gegenüber der ethischen und politischen Probleme der Entwicklung, auf die wir an späterer Stelle genauer eingehen werden, positiv eingestellt. Die dominierenden Formen des vorherrschenden Entwicklungstyps in den Prozessen der Globalisierung, die in den Ländern, einschließlich den ethnischen Minderheiten zu finden sind, übernehmen nicht angemessen und mit der richtigen Kraft die bewerteten Probleme und Normen des Produktionssystems und erlauben auch nicht alternative Entwicklungsarten zu verstehen (Salas, 1998). In diesem Sinne kommt es uns vor, dass die Verbindung zwischen Entwicklung und Kultur nicht ausreichend gut aufgeklärt wurde. Es bestehen noch verschiedene Vorteile. Zum einen die, die verbreitet sind und zum anderen tendiert man dazu, die jeweils eigenen Werte der technischen Prozesse und der ökonomischen Ergebnisse von den kulturellen Identitäten stärker zu trennen: dies ist nicht nur alleiniges Recht der indigenen Dörfer.

In diesen letzten Jahrzehnten erscheint ein kritisches Verständnis hervorzuquellen, das präzise diese betonte Problematik diagnostiziert, die eine der größten Schwierigkeiten ist, die die ethnischen Minderheiten in Lateinamerika betreffen, um eine harmonische Entwicklung zu ihren kulturellen Wurzeln und grundlegenden Werten zu erreichen. Sie verweist auf den Sinn, diese Rationalität der ökonomischen Prozesse zu verstehen, wodurch man eventuell erlauben könnte, eine Ökonomie zu verstärken, die dauerhaft auf ihre Lebenswelten (Lebensentwürfe) antwortet. In diesem Sinn, wenn das Thema der Rationalität mit einbegriffen ist, lautet die Frage zu wissen, ob sie die Differenzen von den Zweckmäßigkeiten im Inneren der indigenen Kultur beheben können oder nicht: mit anderen Worten könnte man fragen, ob eine Beurteilung der ökonomischen Regeln auf irgendeine Art und Weise zwischen der Mehrheit der Gesellschaft und den eigenen Regeln der indigenen Bevölkerung möglich ist, die man durch Anhaften von rationalen nicht notwendigerweise instrumentalen Dimensionen erkennt (Durston, 1993 y Durán, 1999).

Die dominierende Auffassung der ethnischen Vertreter ist, dass eine derartige Artikulation fast unmöglich ist, weil die Logik der großen Firmen ein Teil der globalisierten ökonomischen Logik ist und man diese nicht mit aufgezwungenen Grenzen durch kulturelle oder ethnische Kontexte bremsen kann. Eine Art, wie sich diese Perspektive abzeichnet, ist das Referieren über das existierende Unbehagen im Innern von der Mehrheit der ethnischen Minderheiten von Lateinamerika. Sie findet ihren Ausdruck beim Aufwallen in großen Konflikten und Aufständen in den letzten zehn Jahren in vielen Teilen Lateinamerikas, zum Beispiel in den Ländern, die über einen großen Anteil an indigener Bevölkerung verfügen: México, Guatemala, Ecuador, Perú und Bolivien (Favre, 1996; Bengoa, 2002). Der Fall der Mapuche in Chile scheint in diesem Punkt keine Ausnahme zu sein.

Unsere Meinung ist, dass diese Perspektive begrenzt ist, daher muss zum einen verstanden werden, dass man die Globalisierung trotz der ökonomischen Zweckmäßigkeit von den multinationalen Firmen versteht, aber sie sich nicht dadurch auszeichnet, dass die gleiche Globalisierung, in ihrem weiten Sinne, besteht, um andere kulturelle, politische und juristische Aspekte zu berücksichtigen, die sich nicht auf die Interessen der großen Firmen reduzieren lassen. Deshalb berücksichtigen wir als unsere zentrale These, dass man diese technische Zweckmäßigkeit, die bis heute als vorherrschend im Inneren eines komplexen Prozesses im Vergleich mit anderen Formen von gegenwärtigen Zweckmäßigkeiten der Kontexte der Minderheiten angesehen wird.

Diese These stellt eine theoretische Interpretation der Globalisierung auf, die Teil der aktuellen Debatte im Bereich der internationalen Beziehungen zwischen den Dörfern wie auch das theoretische Verständnis des historisch aktuellen Moments der indigenen Bewegung ist (Eguiguren, 1987). Beide Auseinandersetzungen sind entscheidend, um auf eine präzisere und rigorosere Art und Weise die Debatte zu verstehen, die sich um die Möglichkeiten, eine Eigenentwicklung für die indigenen Dörfer zu erreichen, positioniert. Wir haben hier nicht den Raum, um die Motive genauer zu erklären. Einen wichtigen Teil des hier Dargestellten werden wir noch an anderer Stelle vortragen (Salas, 2003).

Das politische Projekt der Anerkennung verbindet man mit der Idee von dem Zusammenstoß von Zweckmäßigkeiten im Inneren der Entwicklungsprojekte. Im Bereich der interkulturellen Lösung und in ihrem spezifischeren Sinn wirft die Idee der Eigenentwicklung oder der endogenen Entwicklung eine Art kontextuelles Verständnis der Entwicklung auf, nicht aufgrund einer instrumentellen Zweckmäßigkeit der Vorherrschaft, sondern von Räumen der Beurteilung von unterschiedlichen Formen von Zweckmäßigkeiten, die a priori vom aktuellen ökonomischen Modell ausgeschlossen sind. Wenn man mit moralischen Termini auf einen rücksichtsvollen Dialog der „würdevollen" Dörfer hinweist, deutet man grundlegend auf die Möglichkeit hin, Typen von Zweckmäßigkeiten zu unterstützen, die sich über einen Krieg die Anerkennung anderer sichern, um die eigene Würde zu bewahren. Die Entwicklung der Identität, ein erstrebenswertes Projekt der indigenen Gemeinschaften, setzt voraus, stärker die Vorherrschaft der hegemonialen, vorherrschenden Zweckmäßigkeit zu bekämpfen und die vorkommenden Arten, wie die Beziehungen zwischen den Dörfern und der falschen Anerkennung, die ihnen anhaftet, zu übernehmen.

Man könnte sagen, dass die Erklärung des Interessenkonfliktes der Zweckmäßigkeiten im Prozess der Ökonomie folgende Grenzen aufwirft, um die ökonomische Handlung der indigenen Minderheiten zu verstehen. Man versucht, die ethischen und politischen Herausforderungen auszudrücken wie die Beurteilung, die ihren Fortbestand sichern könnte und die sie nicht dahin führt, die Grundzüge ihrer Eigenentwicklung in Frage zu stellen. Dies müsste zu einer rigorosen Diskussion führen, die von der Haltung der Passivität absieht und sich gegenüber allen, die Unterstützung, Hilfe oder Beihilfe benötigen, weil ihre Möglichkeiten von Selbstverwaltung begrenzt sind, ausdrückt. Die Entwicklung der eigenen Grundlagen in einem produktiven und kulturellen System ist eine rationelle und vernünftige Forderung für all die indigenen Dörfer, die Räume einer Symmetrie auf dem Terrain der ökonomischen und politischen Beziehungen erreichen wollen. Dies führt dazu, die Frage nach der Logik der Macht der Obrigkeiten erneut zu stellen und ihre asymmetrische Verteilung zwischen den Dörfern und dem Inneren jedes Dorfes zu beleuchten.

Die Anerkennungspolitik ist somit eine theoretisch-praktische Forderung und ein Entwurf für all die Minderheiten, wobei die Weltökonomie immer stärker zwischen ihnen vernetzt und wo die Allianz-Beziehungen zwischen den Dörfern einen Krieg durch Erinnerung und Würde zwischen den ungleich verteilten Mächten hervorbringt. Die Kritik an der globalisierten Ökonomie de facto wird laut, die alle miteinander vernetzt, trotz der Interessen der großen ökonomischen Konglomerate. Die Interessen und sicheren Erwartungen der kleinen Länder des Südens und der ethnischen Minderheiten werden praktisch nicht berücksichtigt.

Zusammenfassend kann gesagt werden, dass die Anerkennungspolitik berücksichtigt, dass die Interpretation der Verbindung zwischen Entwicklung, Identität und Technologie angemessener erscheint und sie verlangt im Wesentlichen zu betonen, dass die verschiedenen Konflikte zwischen den Ethnien immer ein Teil eines Krieges von Zweckmäßigkeiten mittels ökonomischer, sozialer und historischer Kontexte einer ungleichen Entwicklung ist. Es ist stark zu betonen, dass somit die Ko-existenz von vielerlei Interessen, Diskursen und Praktiken von den Subjekten auf die Art abhängig ist wie sie am kontextuellen

Wohlstand einer Gemeinschaft teilhaben, was ebenfalls eine Art der Machtvermittlung verdeutlicht. Außerdem wird sichtbar, wie vor allem die Gestaltung eines Systems von rechtsgültigen Machtbefugnissen fundiert wird, die für alle Mitglieder einer Gemeinschaft antworten. Deshalb werden die Verbindungen zwischen der Entwicklung, der Kultur und der Technologie nicht nur durch interkulturelle oder durch zentrale Gründe eines ethnisch-religiösen Ethos ausgedrückt, sondern sie müssen eine ökonomische Strukturierung berücksichtigen, die verschiedene ethische, politische und juristische Vorstellungen im Bereich der Gestaltung der Machtbefugnisse aufweist. Dies entscheidet über den konkreten Verlauf von Entwicklungsprojekten. In diesem Punkt erscheint eine Verknüpfung mit einer Thematik sinnvoll, die sich im Bereich der Zweckmäßigkeit und der Legitimierung schon in der Soziologie Webers definiert und die durch die Theorie vom kommunikativen Handeln bei Habermas wiederbelebt wurde (Serrano, 1994).

Abschließend weisen wir darauf hin, dass die Relevanz und Dringlichkeit von einer Anerkennungspolitik es ist, die sich auch mit einer Art Vorrecht den konfliktreichen und am stärksten verletzenden Auswirkungen widmen müsste, wie sie durch den ethnischen Radikalismus oder Fundamentalismus gefördert werden. Das ist nicht nur ein ideologisches Problem, sondern das Zentrum der Untersuchung bei der Verbindung zwischen religiösen Bewegungen und den endemischen Situationen von Armut, die die Sprach- und Kulturgemeinschaften berühren, müsste beleuchtet werden.

II. Die Auseinandersetzung der indigenen Kulturen und der Entwicklung

Eines der bedeutendsten aktuellen Probleme zeigt sich in der Sprach- und Kulturgemeinschaft der Mapuche. Die kulturellen Transformationen muss man in Verbindung mit einem wachsenden und unterstützendem Prozess der Modernisierung sehen, in dem die chilenische Gesellschaft in den letzten drei Jahrzehnten gelebt hat und indem der Einfluss eines Migrationsprozesses von großem Ausmaß eine wichtige Rolle spielt. Das ist die Konsequenz einer Situation, die den chilenischen Staat ausschließt und in der diktatorischen Periode akzentuiert wurde(1973-1989).Es fand verstärkt eine Migrationsbewegung der Mapuche in die großen Städte Chiles statt. Die Zählung 2002 legt eindeutig dar, dass der größte Teil der indigenen Bevölkerung in Chile in den großen Städten lebt und mehr als ein Drittel davon in Santiago, der Hauptstadt Chiles. In Chile zählt man mehr als 5% der Bevölkerung zu der indigenen Bevölkerung. Ein aktueller Bericht besagt, dass „In Übereinstimmung mit der Zählung von 2002, die Bevölkerung Chiles eine Gesamtzahl von 15.116.435 erreicht, wobei 692.192 (übereinstimmend mit 4,6% der Gesamtsumme) zu irgend einem ursprünglich oder indigenen Dorf gehören... Von der indigenen Bevölkerung definierten sich 604.349 als Mapuche“ (OCPI, Nr.1).

Die Auswanderung vieler Indigenas aus ihren traditionellen Gebieten bezieht sich grundsätzlich auf ihre einzige Alternative zu überleben und der endemischen Armut des städtischen Lebens, Produkt eines ökonomischen und politisch ausgeschlossenen Systems, zu entfliehen (Pinto, 2000). Um diese spezifische aktuelle Situation genau zu verstehen, muss betont werden, dass ein neues Modell der ökonomischen Entwicklung mit der Militärregierung begonnen wurde, die in dem Zeitraum von 16 Jahren das Land regierte (1973-1989), und die mit einigen wichtigen Schattierungen, das heißt von einigen sehr Bemühten, die drei folgenden Regierungen von der Koalition im Bereich der Machtausübung gefestigt hat. Sie sind besser als „Regierungen der Absprache" bekannt(1990-2004).

Es handelt sich um eine grundsätzliche Transformation eines benannten ökonomischen Modells in den Randgebieten des Wohlstandsstaates, der ein Modell festigt, das die volle Öffnung der Weltmärkte unterstützt, um die raffinierte Formen der Produktion zu integrieren, welche durch ihre Kompetenz auf dem internationalen Markt gegeben ist. Dies ist verbunden mit einer starken Inversion im Bereich der Technologie, die einen Typ der Interaktion sichert, welche die traditionellen Formen der bäuerlichen Produktion zerstört. Dieses ökonomische Modell, welches sowohl das Dokument des Staates von den bestimmenden Industrien zum internen Konsum reduziert, als auch die wirtschaftlichen Organisationen mehr hervorhebt als die Gewerkschaften oder die Angestelltenvereinigungen und Arbeiter. Es hat neue sozio-ökonomische Situationen hervorgebracht, zum Teil wurden die bäuerlichen Aktivitäten stark reduziert, die den Auszug aus der Stadt als Ziel der ländlichen Bevölkerung gekennzeichnet haben. Dieses Modell hat trotz demokratischen Bemühungen versucht zu vermitteln und zu regulieren, wie zum Beispiel der Wohlstand beweist. Chile in bestehender Form fördert seit mehr als zwei Jahrzehnten die gesamte Bevölkerung, wobei es sich um die Unterstützung von Wohnräumen für die Städte handelt, die immer mehr Menschen aufnehmen müssen. Im Wesentlichen wurde aber das Glück der handwerklichen Agrarwirtschaft versiegelt, und das ist es, was den Eigenfortbestand von den indigenen Dörfern in ihren Ursprungsgebieten festigt.

Das Ergebnis dieser produktiven Transformation ist, wie die modernen Studien belegen, die Bildung einer Gesellschaft, die sich immer stärker an den ökonomischen und kulturellen Ressourcen für die ökonomisch integrierten Klassen und Gruppen zum internationalisierten ökonomischen System hin einordnet, aber wo auch außenstehende soziale Sektoren existieren, die noch immer von diesen ökonomischen und sozialen Gewinnen ausgeschlossen bleiben. Insbesondere die indigene Bevölkerung zählt zu den ärmsten Sektoren des Landes: Die Armut erreicht mehr als 60% bei den Indigenas gegenüber dem Rest der Bevölkerung (Larrain, 2003).

Um die Diagnose der ökonomischen Produktion zu berücksichtigen, während mehr als 20 Jahren der Festigung des ökonomischen Systems, steht fest, dass ein starker Einschlag der Modernisierung vom produktiven Gesichtspunkt aus in die Gebiete der Mapuche stattgefunden hat: Vergrößerung der Forstbetriebe, beträchtliche Vergrößerung des Tourismus, Berücksichtigung des Straßenverkehrs, große Urbanisierung mit ausbauender Ausdehnung von technologischen Dienstleistungen (VVAA, 1995, CERC-UC de Temuco, 1996, VVAA, 1998). En Beleg, der nicht weniger wertvoll bei der Berücksichtigung der aktuellen Bibliographie im Bereich der Beziehung zwischen der Kultur und der Entwicklung in den Mapuche-Gebieten ist, zeigt sich daran, dass Titel wiederholt hervorgehoben werden, die sich mit dem Thema der Modernisierung und Modernität auseinandersetzen. Einige veröffentliche Titel bringen dies mit einer Fragestellung oder ein anderes Mal negativ zum Ausdruck (VVAA, 1995, CERC-U. De Temuco, 1996, VVAA, 1998, y Namuncura, 1999). Diese Tendenz in den Titeln von bedeutsamen Publikationen erscheint uns nicht gefährlich, sondern sie wollen gerade einen schwierigen sozio-ökonomischen, politischen und kulturellen Rundblick berücksichtigen, der die Entwicklung von der indigenen Bevölkerung in Chile entwirft, der unterhalb dieser fragenden oder negativen Form eine Kritik oder eine in Frage gestellte Art von ökonomischer hegemonialer und homogener Modernisierung verdeckt.

Die aufgeworfene Debatte innerhalb der Mapuche-Gebiete erlaubt genau die Widersprüche von gezielter Entwicklung durch die grundsätzlichen ökonomischen Stärken der chilenischen Gesellschaft, die den aktuellen Rahmen vorgibt, in dem sich die Sozialpolitik des chilenischen Staates befindet, und ihre Art von Beziehungen zu den Ethnien trotz einer Nationalen Kommission von indigener Entwicklung, zu verstehen. Die Abkürzung des Regierungsbüros wird CONADI genannt und ersetzt das alte DASIN (Foerster, Gunderman y Vergara, 2004). Mit diesem Hinweis könnte man Folgendes kurz zusammenfassen: das Thema der Entwicklung in den Gebieten der Mapuche ist weder einfach noch oberflächlich, daher kreuzt „die Mapuche-Frage“ interne Kreise (Saavedra, 2002). Hingegen kann man diese Frage nicht verstehen, wenn man nicht wenigstens sehr kurz das Problem der indigenen Entwicklung in Lateinamerika skizziert.

Wir steigen in die komplexe Verbindung zwischen Entwicklung und Kultur voll ein, indem wir das Folgende in den Rahmen der kulturellen lateinamerikanischen Gedanken gliedern. In den 70er Jahren – der Zeitraum von der Debatte der Unterentwicklung Lateinamerikas – erarbeitete der argentinische Philosoph R. Kusch eine Theorie von den amerikanisch-indigenen und populären Kulturen, wobei er die Perspektive der Entwicklung ablehnte, weil er die Vorherrschaft von der westlichen Logik über die kulturelle Welt der indigenen Dörfer und von den Mestizen voraussetzen konnte. Er berücksichtigte, dass diese Logik in den Entwicklungsprojekten integriert ist und daraus schloss er, dass die indigene Bevölkerung auf eine „marginale und hinterlistige Art“ eingegliedert wurde (Kusch, 1979, S. 171). Aus Méxiko betonte der Anthropologe Bonfil Bataille eine im wahren Sinne entgegengesetzte These, indem er zeigte, dass das zentrale Problem der Entwicklung ist, dass die indigenen Dörfer bewirken, dass die kulturelle und politische Kontrolle von den neuen errichteten sozio-ökonomischen Prozessen aufrechterhalten wird.

Übereinstimmend mit Kusch, dass diese Beziehung sich der Asymmetrie unterordnet, kommen wir exakt mit Bonfil Bataille überein, dass das Hauptproblem in der Berücksichtigung der Vorschläge und Praktiken der eigenen ethnischen Minderheiten, in unserem Fall die Gemeinschaften der Mapuche im Süden Chiles, besteht. Diese These von Kusch wäre weder für die derzeit lebenden Mapuche noch für sich selbst akzeptabel, weil die chilenische Wirtschaft innerhalb einer Logik des globalisierten Marktes lebt und das Gewicht der Modernisierung erfährt. Die These von Kusch verachtet eine konzeptuelle zentrale Fragestellung, die Bonfil Bataille betont, dass amerikanisch-indigenen Volksgemeinschaften und teilweise auch die Gemeinschaften der Mapuche bekannt werden wollen und wahrhaft an der Modernisierung und an der Entwicklung des Landes teilhaben. Es steht effektiv fest, dass die stärker organisierten Gruppen und ihre Anführer teilhaben und die Kontrolle von den eventuell zu erwartenden Gewinnen der wirtschaftlichen Globalisierung als Teil einer kulturellen und ökonomischen Strategie aufrechterhalten wollen (Durston, 1993 y Durán, 1999).

Die speziellen sozio-ökonomischen Studien zeigen, dass die asymmetrischen, strukturellen Beziehungen, welche die Systeme von Produktion, Verteilung und Anhäufung der Wohlhabenden zeigen, sich in den Zonen konzentrieren, wo es eine starke Anzahl indigener Gemeinschaften in Lateinamerika gibt. Egal in welchem Land Lateinamerikas, das indigene Bevölkerung aufweist, kann man feststellen, dass die indigene Ökonomie klar den Formen der Ausbeutung von Ressourcen, der Verteilung der Wohlhabenden und Privilegierten untergeordnet ist, die den regionalen und lokalen Formen der Ökonomie folgt (Pinto, 2000 y Saavedra, 2002). Im Allgemeinen hängen der Wohlstand der indoamerikanischen Dörfer von den Beziehungen des ökonomischen, politischen und sozialen Austausches der höherwertigeren Gesellschaft ab. Es sind somit selten indigene Gruppen zu treffen, die sich ganz und gar am Rande dieser Formen des Austauschs mit der höherrangigen Gesellschaft befinden. Aber immer, wo sie existieren, heizen sie die ethisch-politischen Probleme des kulturellen Austausches an (Cardoso de Moreira, 1993).

Wenn wir speziell das berücksichtigen, was in den Gebieten der Mapuche vorkommt, können wir dieses Problem besser beleuchten. Ein Beispiel ist die gemischte Komposition von ökonomischen Elementen beider Kulturen auf den lokalen und mikroregionalen Märkten, wie z.B.: die Sicht bäuerlicher Produkte wie von Tieren und Vögeln, der Einsatz von Frauen und Männern bei der Ausführung von Arbeiten der höheren Gesellschaft, die Migration von Jugendlichen, die systematische Aufnahme zu den Gemeinschaften der finanzstarken Ressourcen der städtischen Emigranten, die verschiedenen Dienstleistungen, die zwischen den ländlichen und den Mapuche-Gruppen in den großen Städten bestehen, etc. (Bengoa, 1999, VVAA, 2000 y Saavedra, 2002).

Diese Informationen, welche von den sozio-ökonomischen Forschungen hervorgebracht werden, sind wichtig, aber sie müssen historisch interpretierbar sein, um ihnen korrekte Bedeutung zuzuweisen. Gemäß den Angaben, die zwei bekannte Spezialisten für indigene Gesellschaft und Ökonomie gemacht und interpretiert haben, bestand erster Kontakt zwischen den indigenen Gemeinschaften und den spanischen Kolonialherren und später fand Austausch mit den chilenischen Ansiedlern statt. Sie beendeten ihn auch nicht während der Aufstände als Teile der indigenen Sektoren rebellierten. Die gemischte Form vom Produzieren der indigenen Bevölkerung bezeichnet man als „angrenzend". Dies begann mit der kolonialen Epoche und führte weiter zu den Anfängen der Gründung der Republik von Chile (1818). Es wurden mit anderen Formen von Produktion, die Hilfsmittel und Techniken der neuen ankommenden Ansiedler einbezogen. In diesem historischen Sinn war die Grenzbeziehung zwischen den Mapuche und den Nicht-Mapuche Teil einer Geschichte der Ethnien und der chilenischen Gesellschaft, die sich bis heute dauerhaft wiederholt (Pinto, 2000) inmitten der Zweideutigkeiten und Widersprüche, die sich bis zum heutigen Tag aufzeigen.

Problematisch ist das Neue, das in diesem modernisierten Rahmen am Ende des 20sten Jahrhunderts herausquillt. Es ermöglicht derzeit die ökonomischen Daten der Genese auf anderer Entwicklungsstufe zu betrachten. Es handelt sich um eine Restrukturierung auf der Grundlage der Ökonomie auf höherer Stufe und der Reformulierung der ländlichen Gesellschaft der Mapuche, die gewiss Unvereinbarkeiten für ihre sozio-kulturelle indigene Erfahrung und für ihr zukünftiges Projekt als Dorf hat. Diese sozio-kulturellen Konflikte fordern auf, nicht nur in diesem historischen Konflikt zu einer bedeutenderen Gesellschaft und einer geringer geschätzten Gesellschaft lokalisiert zu werden, sondern von einer immer internationaler werdenden Welt. Diese Prozesse von heute kehren zu viel komplexeren von einst zurück, weil sie auf der einen Seite auf anders entstandene Phänomene, wie die Rationalisierungen der „gelebten Welt" antworten. Diese Herausforderung der „ökonomischen und kulturellen Globalisierung" ist das eigentlich Wichtige (Brunner, 1997). Gleichzeitig kommt es zu einem Gewissenzuwachs gegenüber den kollektiven Rechten, welche die Dörfer und die indigenen Minderheiten haben, um ihre geeigneten Arten ökonomischer und kultureller Entwicklung zu suchen.

Die Problematik, die zwischen Gesellschaft, Kultur und Entwicklung aufgeworfen wird, ist vom theoretischen und praktischen Gesichtspunkt sehr interessant. Nimmt man diese Daten als Grundlage, könnte man zwei Typen hermeneutischer Voraussetzungen der kulturellen Studien von der Entwicklung in diesen letzten Jahrzehnten diskutieren. Uns scheint an erster Stelle, dass man gelegentlich die traditionellen Charakterzüge der indigenen Gesellschaften überschätzt und die Relevanz der Mechanismen der Kontaktaufnahme und der ökonomischen und politischen Evolution der höheren Gesellschaft über die indigene und umgekehrt verachtet hat. An zweiter Stelle könnte man trotz wertvollerer anderer sozio-ökonomischer Daten auch andere Analysen wie z.B. die langsame Integration der Produktionstechniken durch Teile der indigenen Dörfer diskutieren.

Auf der anderen Seite im Rahmen post-kolonialer Studien (Lander, 2003), welche die internationalen Beziehungen auf der Grundlage der Kolonisation über die dauerhaften und unantastbaren Beziehungen von Herrschaft und Hegemonie des Westens betrachten, ergibt einen Zusammenstoß minus Dichotomie. Die kritische Analyse von den internen Prozessen zeigt, dass diese Prozesse zu den indigenen Dörfern seit der Anwendung von Techniken und Erkenntnissen führen, die ihnen die chilenische Gesellschaft beigebracht hat. Gleichzeitig werden die Elemente berücksichtigt, die die Gesellschaft der Mapuche in ihre regionale und nationale Umgebung in einen Rahmen dauerhafter Unterordnung und Herrschaft eingebracht hat.

In diesem Punkt fassen wir unsere theoretische Perspektive in Erinnerung an unsere zentrale These wie folgt zusammen: gemäß der analysierten Studien im Fall eines Dorfes der Mapuche, kann man wie auch bei anderen indigenen Dörfern Lateinamerikas beobachten, dass die ethnischen Gemeinschaften sich den neuen Prozessen der ökonomischen, politisch-juristischen und kulturellen Modernisierung anpassen und integrieren. Das betrifft meistens den größten Teil trotz ihrer eigenen Stammkulturen oder Ethnien. Wenn diese Angaben korrekt sind, dann darf man den „Widerstand" und die „Integration" im Inneren der indigenen Gesellschaften nicht als einen „Block" gegenüber der dominierenden Gesellschaft begreifen. Wir schlagen die Interpretation dieses Prozesses als eine Dynamik vor, in der die verschiedenen gegenseitigen Durchdringungen berücksichtigt werden, die durch permanente Beziehungen in der Gegenwart hervorgebracht werden. Das reicht bis zu den Verbindungen zwischen traditionellen und sich bildenden Gruppen von den Gemeinschaften mit den traditionellen und entstehenden Gruppen der dominierenden Gesellschaft. Dies bringt eine besondere Besorgnis durch das jeweils eigene Verständnis mit sich, welches die indigenen Individuen im Bereich ihrer eigenen Art, Entwicklung zu verstehen, hervorbringen. Die Entwicklung ist etwas, das vom Inneren der Kultur trotz ihren eigenen historischen Projekte keimt, wobei ihre Anführer, Professionelle und Menschen der Tat die zentralen Elemente von dem, was man als Entwicklungsprojekt versucht zu erreichen, übergeben.

Das Wesentliche dieser Interpretation des problematischen Prozesses der Rationalisierung – und zum Teil der Dichotomie – von Widerstand und Integration ist, dass man sich immer auf die historischen und kulturellen Kontexte zurück bezieht, die wir berücksichtigen müssen. Derzeit beeinflusst die ökonomische und kulturelle Globalisierung das Leben der indigenen Dörfer, weil ihr Potential eine Integration von ihren traditionellen ökonomischen Systemen mit den internationalen Märkten anwachsen lässt. Dies bringt gleichzeitig die teilweise Desintegration von dem traditionell produktiven Systems mit sich als da in ihrer lokalen und regionalen Umgebung funktionierte, wodurch eine Form des Abbruchs von den traditionellen Fundamenten der Produktion impliziert wird. Diese neue Phase des Konfliktes zwischen Kultur und Entwicklung kann auf seine Art sozial, kulturell und politisch ausgeglichen werden durch eine Stärkung der hervortretenden indigenen Bewegung und grundsätzlich der Prozesse der Identität und Organisation, die auf andere Art und Weise die soziale und ökonomische indigene Welt erneut beleben.

Verschiedene Forschungen betonen, dass diese ökonomischen Veränderungen sich gewandelt haben und langsam einen wichtigen Teil der Ideen, Glaubensüberzeugungen, Werten, und kulturellen Praktiken von den traditionellen Gesellschaften transformieren. Was wir heute ohne Zweifel festhalten können, ist die massive Wirkung und die Geschwindigkeit der Veränderungen, die zu einer Desstrukturierung der Lebenswelten einschließlich von den Gemeinschaften neigen, die man früher als stärker integriert berücksichtigte (Salas, 2002). Es ist entscheidend zu berücksichtigen, dass diese sozio-kulturellen Transformationen sich nicht nur in diesen Individuen und Gruppen ereignen, die in die großen Städte immigrieren, sondern man kann sie auch in den kleinen Ortschaften und indigenen Gemeinden feststellen. Diese Veränderungen sind es, die zu den kulturellen Studien hinführen, um den Formen der Identität mehr Aufmerksamkeit zu gewähren. Sie stärken wechselhafte Aussagen und beginnen, neue Kategorien, um etwas, was man nicht in den klassischen anthropologischen Theorien vermutet, zu verstehen – das Auftauchen der „städtischen Mapuche“ (Curivil, 1997 y Abarca 2002).

Wenn diese Beobachtungen auf die anderen indigenen Dörfer Lateinamerikas und ethnischen Minderheiten anderer Kontinente ausgedehnt werden könnten, würde uns das erlauben, allgemeinere Fragen zu formulieren, die zur Erarbeitung einer interkulturellen Theorie führen, welche die Verbindung von Entwicklung und Kultur berücksichtigt. Unter den verschiedensten Fragen heben wir die Folgenden hervor: Welche Typen von Verbindungen begründen die traditionellen Gesellschaften genau und sind sie wesentlich verschieden von den modernen, rationalisierten und kapitalistischen Gesellschaften?; Hätte das Anerkennen nicht andere ethische, politische und juristische Probleme in dem aktuellen Kontext von der Desregulierung, welche die Globalisierung mit sich bringt?; Ist es möglich, Elemente der modernen Technik und Wissenschaft zu integrieren, ohne notwendigerweise die übertragenen Werte durch die prinzipiell gewandelten Werte anstelle der kulturellen und religiösen Werte zu verlieren?; Wie fügt sich die politische und soziale Organisation zusammen, um die Gewinne und die Verluste dieses Prozesses der Desintegration und Integration auszuwerten?; Wie lösen die Minderheiten intern die inneren Konflikte zwischen der traditionellen Kultur und den stärker traditionellen Sektoren und denen, die die Gewinne der ökonomischen Integration und den kosmopolitischen Zusammenstoß hervorheben?; Spielen die ethnischen Religionen in dieser schwierigen Beurteilung irgend eine Rolle?

Im folgenden Absatz werden wir einen kurzen Abriss der prinzipiellen Probleme skizzieren, welche die Dynamik zwischen Entwicklung und indigener Kultur der Mapuche aufwirft, zuerst in der Form, konkret die Entwicklung dieser Entwicklungsprobleme zu zeigen und an zweiter Stelle, um die Grundelemente im Kontext darzustellen und zu versuchen, die bereits angedeuteten Fragen zu beantworten.

III. Beschreibung der Mapuche-Problematik in der aktuellen Situation Chiles

Wenn wir die Probleme der Entwicklung von den Gemeinschaften der Mapuche in Chile in dem Rahmen des Schnittpunktes der Rationalität, der uns interessiert, berücksichtigen, werden wir genau drei zentrale Fragestellungen hervorheben: Erstens, das Problem der vorherrschenden Rationalität vom ökonomischen Handeln in den Gebieten der Gemeinschaften; Zweitens, die Logik von derzeitigen Handlungen bei politischen Problemen, die bei der Suche von einem Vorschlag einer Regierung der Gebiete erscheinen; und Drittens, die neuen Formen, die die Verbindung zwischen dem traditionellen Wissen und den neuen Praktiken der Erkenntnis betrachten, welche mit einem ökonomisch-technisch-wissenschaftlichen Modell in Verbindung gebracht werden.

1. Territorium, Entwicklung und Autonomie der Mapuche-Gemeinschaften

Das zentrale Problem der Entwicklung und der Technologie erscheint heute mit der Überprüfung eines Problems in Verbindung zu stehen, das man glaubt, im Rahmen des nationalen Staates zu überwinden, d.h. die rechtmäßige Macht, die ihnen hilft, sich frei auf den Gebieten, die zu den uralten Volksgemeinschaften der Mapuche gehören, zu bewegen. Mit anderen Worten befinden wir uns bei einem neuen Problem, verbunden mit juristischen Regeln, Produkt einer neuen Gesetzgebung des Staates, das bestimmte kollektive Rechte den indigenen Gemeinschaften und im Besonderen die „Zonen indigener Entwicklung" anerkennt (Gesetz Nr. 19.253), aber ohne das legale System zu verändern. Auf der anderen Seite steht der systematische Vormarsch alternativer Vorschläge für die soziale und politische Organisation der Gemeinschaften der Mapuche, um die kollektiven Interessen der Gemeinschaften der öffentlichen nationalen und internationalen Meinung zu demonstrieren.

Diese Frage des Territoriums kann man in drei problematischen Bereichen verfolgen, die einen effektiven Zusammenstoß der Rationalitäten voraussetzen: die ökologische Wirkung der großen Forstbetriebe, die Konstruktion des neuen Straßennetzes und die Kapazität der Mapuche-Gemeinschaften, um ihre kulturellen und ökologischen Interessen als Bürger, die von diesem Ort stammen, zur Geltung zu bringen.

A) Die Konstruktion von Staudämmen und andere Bauwerke der Infrastruktur

Eines der sehr komplexen Probleme, die sich in den letzten zehn Jahren zwischen dem chilenischen Staat und den Gemeinschaften der Pehuenches vom Alto Bio Bio gebildet haben, ist die Konstruktion von zwei hydroelektrischen Staudämmen über den Fluss Bio Bio, die vom chilenischen Staat für die Energieversorgung des Landes als notwendig erachtet werden. Der Bau des zweiten Staudammes Ralco berücksichtigte eine höhere Technologie der Firma Endesa-España, wurde im September 2004 eingeweiht und brachte zu ihrer großen Komplexität die Beziehung zwischen indigener Kultur, nationaler Entwicklung und Technologie mit sich und wurde im sinnbildlichen Fall international hervorgehoben: 3.500 Hektar des ursprünglichen natürlichen Lebensraumes der Pehuenches wurde überflutet und zwang 500 indigene Personen zur Umsiedlung (Cf.ODPI, Nr. 2.2). Dieses hydraulische Werk legte auf eine kategorische Art und Weise die ökonomischen, politischen und kulturellen Interessen in einem großen Werk der Ingenieurstechnik dar. Es stellte außerdem die Schwierigkeiten bei der Anwendung des indigenen Gesetzes von 1993 in seiner Beziehung zur sich durchsetzenden Gesetzgebung auf die Probe und trat mit geo-ökonomischen Interessen des chilenischen Staates und der großen errichteten Multinationalen Energiekonzerne in Chile gegenüber den Rechten der kleinen indigenen Gemeinschaften auf. Als die Konstruktion der hydraulischen Ingenieurstechnik abgeschlossen war, wurden mittels der Gemeinschaften der Pehuenches, von den ökologischen Organisationen grundlegende Kritiken laut. Dies kostete den Platz von zwei Direktoren von CONADI, beide führende anerkannte Politiker der Mapuche und zwang die höchsten Führungsmächte, einschließlich zwei Präsidenten der Republik unterzutauchen. Damit sollte versucht werden, eine Entscheidung über eine Infrastruktur, die für die nationale Entwicklung relevant ist, zu legitimieren. Viele Kosten wurden auf sich genommen und es bestehen noch eine Menge Zweifel, ob dieses hydraulische Werk in irgendeinem Sinn den Gemeinschaften der Pehuenches Vorteile verschafft oder ob es nicht der graduelle Beginn ihrer eigenen Vernichtung als Gemeinschaft der Pehuenches ist (Cf. Llanquinao, 1998 y Namuncura, 1999).

B) Ausbeutung des Ursprungswaldes (silvícola-forestal)

Der Konflikt mit den großen Firmen der Forstwirtschaft markiert wahrhaft den unmittelbaren Ursprung von einem guten Teil der territorialen Forderungen mit den Gemeinschaften der Mapuche der Novene Region. Von den 80er Jahren an, konzentrierten sich die großen multinationalen Firmen auf die Rodung von Hunderttausenden von Hektars in den benachbarten Besitztümern der kleinen Gemeinschaften der ansässigen Mapuche (Bengoa, 1999). Mit hochentwickelten technologischen Systemen für die kultivierte chilenische silvícola begann man eine massive Produktion von künstlichen Bäumen, dessen hauptsächliches Ziel die Zellulose mit ihren verschiedenen Anwendungsmöglichkeiten auf dem internationalen Markt war (Guzman, 2003). Diese Firmen benutzten Spitzentechnologie und verwalteten mit rationalisierter Effizienz. Sie verwandelten sie in eine wichtige Quelle für die Erzeugung von Reichtum auf den ursprünglichen Gebieten der Mapuche, obwohl ihre Gewinne ungleich verteilt wurden: das lokale Glück konnte nicht erreicht werden.

Aus der indigenen Sicht erzeugt diese Ausbeutung der silvícola widersprüchliche Meinungen, sofern sie in diesen Gebieten der Gemeinschaft der Indigenas diese Ausbeutung der Bäume vollbringen, indem sie Techniken des Ausräucherns benutzen, die ernsthafte Umweltschäden hinterlassen wie z.B.: Auslöschen der ursprünglichen Flora und Fauna, die von der indigenen Bevölkerung als sakral verstanden wird, Verunreinigung der Bäche und die Schäden des Nutzwassers für die Bewässerung und den Unterhalt des Ökosystems. Die indigene Annäherung, obwohl sie in ihrem Auftreten sehr verschieden ist, erfasst klar die Widersprüche zwischen einem Typ der Gewinnung der Ressourcen, der ihnen keinen Nutzen bringt und der harten Umweltschäden, die der Typ der Agrarwirtschaft, mit dem sie kultivieren, mit sich bringt. Im Mittelpunkt stehen vor allem die Mehrheit der Umweltschäden und die kulturelle Entwurzelung, die häufig auf die Gebiete und Personen, die Gemeinschaften und die indigenen Organisationen fällt. Sie haben starke Argumente, um strenge Kritik am ökonomischen rechtsgültigen Modell zu äußern, das ihnen die kreative und positive Art, Projekte zu gestalten, erschwert und die Gewinne, die eventuell alle indigenen Gemeinschaften erhalten könnten vom Reichtum des Waldes in den Regionen der Mapuche im Süden Chiles, verhindert.

C) Territoriale Rechte der indigenen Dörfer

Die zwei Probleme, die zuvor herausgestellt wurden, sind die Ausbeutung der Ressourcen des Wassers und des Waldes in den Gebieten der Gemeinschaften und darüber hinaus existieren historische Ansprüche. Nun entwickelt sich ein anderes allgemeineres Problem: es stellt sich die Fage, welches die kollektiven territorialen Rechte sind, die den zurzeit lebenden Gemeinden der Mapuche im Bereich der produktiven Megaprojekte zuteil werden. Im Allgemeinen stehen sich zwei generelle juristische Probleme bei der rationalisierten Führung des Territoriums gegenüber. Trotz diesen Konflikten besteht eine Tendenz in den produktiven Bereichen zum Unternehmertum, die anzeigen, dass man die Ausbeutung dieser Gebiete in Verbindung zu der rechtsgültigen Gesetzgebung sehen muss. D.h., die erlangten Gebiete können rechtlich durch die aktuellen Eigentümer nicht Objekt von Reklamationen sein. Für diese Konzeption sprechen sich diese Gebiete „mit indigenem Einfluss" und die nicht indigenen Gebiete aus (Cf Larrain, 2003). Andere Bereiche der indigenen Bevölkerung, Bereiche, die von Spezialisten für indigene Kultur und von den Kirchen beeinflusst werden, können nicht ausgebeutet werden ohne klar die kollektiven Rechte der eigenen Indigenas zu erkennen, damit von den großen Entwicklungsprojekten profitiert werden kann, die die Modernisierung des chilenischen ökonomischen Systems mit sich bringt.

Gegenüber beiden beschriebenen Haltungen scheint es uns, dass das territoriale Problem, welches durch die großen technologischen Inversionen in den Gebieten der Mapuche betont wird, nicht auf irgendeine Art von einer auf die Ökonomie reduzierten Perspektive verteilt werden kann, denn in beiden Fällen ideologisiert man die Fragestellung, die sich aus den unmittelbaren politischen und juristischen Interessen ableitet. Uns scheint, dass diese Kontroverse einen Zusammenstoß der Rationalitäten verbirgt, wo bis zu diesem Moment die enorme Macht der multinationalen Konzerne offenkundig bleibt. Solange ihre kurzfristigen instrumentellen Interessen überwiegen, werden ohne die allgemeinen Interessen und Rechte ihrer Bürger nicht in ausreichendem Maße berücksichtigt werden.

2. Regierbarkeit und Anerkennung

Die vorhin ausgeführte Analyse von der Rationalisierung bringt zwei große ökonomische und technische Umstrukturierungen mit sich. Sie sind ein relevanter Teil des aktuellen zwischen-ethnischen Problems. Mit anderen Worten sind die wachsenden Forderungen der Minderheiten der Mapuche gegenüber dem chilenischen Staat nicht nur speziell im hegemonischen produktiven System ökologisch und ökonomisch widerrechtlich, sondern verweisen auf eine grundlegende Kritik und reduzieren sie zu der Asymmetrie von historischen, politischen und juristischen Beziehungen. Der chilenische Staat tendiert systematisch dazu, die indigenen Gemeinschaften in ein nationales homogenisierendes Projekt zu integrieren.

Diese Kritik am rechtsgültigen ökonomischen Modell durch Teile der indigenen Organisationen betont eine zentrale Frage in den Entwicklungsstudien: die Art der Aufteilung oder den Riss der eigenen sozialen und kulturellen Verbindungen der Lebenswelt der indigenen Bevölkerung zu kennen. In diesem Sinn wird klar, dass das aktuelle ökonomische Modell dazu tendiert, die ethnisch-gemeinschaftlichen Verbindungen aufzulösen, um die individuellen Initiativen der Mitglieder einer Gemeinschaft zu stärken (Salas, 2001). Mit den Worten der ökonomischen Rationalisierung heißt das, man kann darauf schließen, dass die Zunahme des individuellen Anpassungsprozesses der Gewinne, die den Kontakt mit dem aktuellen ökonomischen Modell herstellt, durch die indigenen Organisationen als ein Gegensatz zu der implizierten Politik der Anerkennung interpretiert wird, die langsam während den drei letzten Regierungen durchgesetzt werden konnte. Die mehrdeutige Art und der Widerspruch, mit dem der chilenische Staat und die indigenen Gemeinschaften in Beziehung stehen, wirkt sich auf eine Radikalisierung der Organisationen aus, die stärkere kollektive Rechte der indigenen Bevölkerung, eingeschlossen die der Autonomie, für einige von ihnen, fordern.

A) Politik des Staates: Wiedererkennen historischer Handlungen

Der chilenische Staat schuf zu Beginn des Jahres 2003 eine „Kommission der historischen Wahrheit und neuen Vereinbarungen", die durch den Präsidenten der Republik ins Leben gerufen wurde. Dessen Bericht wurde im Oktober 2003 veröffentlicht und sein prinzipielles Ziel war es, die Grundlage für die Entwicklung der kulturellen, juristischen und politischen Transformationen zu liefern. Damit sollten neue Vereinbarungen mit den indigenen Dörfern erreicht werden.

Der Bericht der Kommission ist wichtig, da es sich erstens um ein Regierungsdokument handelt und man eine fundierte Kritik der Beziehungen hat, die der chilenische Staat historisch mit den indigenen Dörfern unterhalten hat. Man schlägt juristische, politische und ökonomische Reformen vor, um die bereits verursachten Schäden zu beheben und eine historisch „neue Vereinbarung" mit den Minderheiten zu beginnen.

Für die Spezialisten der Mapuche-Welt war dieser Bericht vorteilhaft, denn er ist eine zustimmende Anerkennung einer Geschichte der asymmetrischen Beziehungen, die aber spät und zögernd Berücksichtigung fand. Für viele Befürworter und Spezialisten der indigenen Rechte handelte es sich um ein Dokument, das außerdem in einer Anerkennungspolitik, die inmitten vieler Zweideutigkeiten und Widersprüchen steht, vorwärts kommt. Sie versucht, die vorgegebenen internationalen Parameter auf dem Gebiet der Rechte der indigenen Minderheiten zu erreichen (Cf.ODPI, Nr.3).

Zusammenfassend kann man herausstellen, obwohl umstritten, dass das Thema der Anerkennung der Minderheiten der Mapuche sich in voller Übereinstimmung mit dem Inneren der chilenischen Gesellschaft versteht. Man kann behaupten, dass begonnen wurde, die Zweideutigkeiten und Widersprüche zum Inneren des chilenischen Staates zu bekämpfen und die Differenzen in klarer Form die Differenzen zum Inneren der Machtausübung des chilenischen Staates festzumachen: man beobachtet eine große Öffnung hin zur Anerkennung der indigenen Dörfer im Bereich der Exekutive, vor allem in der Führung der Absprache. Mehr Schwierigkeiten gibt es vielleicht in der Legislative und der Judikative, die noch immer an einer abhängigen Form des Integrationsmodells festhalten, das durch den nationalen Staat verteidigt wird. Es ist möglich, dass sich vom Staat aus ein langsamer Prozess der Entwicklung zu der Anerkennung der kollektiven Rechte der indigenen Dörfer in Gang setzt.

Wir werden zwei Organismen der bürokratischen Rationalisierung aufzeigen, wo es möglich ist, Fortschritte und Widersprüche der chilenischen Gesellschaft und des Staates festzustellen. Sie können beispielhaft für die Ergebnisse des staatlichen Büros für indigene Entwicklung sein (CONADI), das vom Ministerium für Planung und Kooperation (MIDEPLAN) abhängig ist und in der Analyse der Ziele von einem großen Projekt der interkulturellen Bildung durch das BID für die Dauer von 4 Jahren finanziert wurde.

B) CONADI Organ von MIDEPLAN

CONADI ist ein spezielles Organ, welches durch das Gesetz Nr. 19.253 geschaffen wurde, um formale Verbindungen zwischen dem chilenischen Staat und all den Gemeinden und Organisationen der indigenen Bevölkerung herzustellen, die auf chilenischen Territorium leben (Cf.www.conadi.cl). Es hat seinen Sitz in Temuco, der Hauptstadt, wo sich der größte Teil der Gemeinschaften der Mapuche befindet. Von ihrem Grundsatz her, hat diese staatliche Kommission bürokratisch die grundsätzlichen Widersprüche zwischen der herrschenden Gesellschaft und der Minderheit der Mapuche zu vermitteln. Die Widersprüche und Zweideutigkeiten der Staatspolitik, der chilenischen Gesellschaft und den überzogenen Erwartungen der indigenen Organisationen werden in ihren eigenen Handlungen demonstriert (Foerster, Gunderman, Vergara, 2004).

Unter ihren grundsätzlichen Zielen finden sich folgende:

- Fördern der Anerkennung und des Respektes der indigenen Volksgemeinschaften, ihrer Gemeinschaften und der Personen, die integriert sind
- Fördern der indigenen Kultur und Sprache und des zweisprachigen Bildungssystems
- Fördern der Partizipation und der Integration der indigenen Frauen
- Die Übernahme der juristischen Verteidigung der indigenen Bevölkerung und ihrer Gemeinden in Konflikten um Territorien, Wasser und ihre freie Entscheidung
- Den indigenen Gebieten Schutz verschaffen und der indigenen Bevölkerung die Erweiterung ihrer Gebiete und Wasservorhaben über entsprechenden Grund und Boden zu ermöglichen
- Fördern der adäquaten Nutzung der indigenen Gebiete, bewachen ihres ökologischen Gleichgewichts
- Ein Register der Gemeinden und indigenen Vereinigungen und ein öffentliches Register der indigenen Gebiete erstellen
- Als Schiedsrichter gegenüber Kontroversen wirken, die zwischen den Mitgliedern irgendeiner indigenen Vereinigung hervorgerufen werden
- Der Schutz und die Verschmelzung von archäologischer, historischer und kultureller Verbindung der ethnischen Gemeinschaften
- Legale Reformen und notwendigen Verwaltungen zur Förderung vorschlagen

Jedes einzelne dieser Ziele ist in seinen institutionellen Arbeitsvorschlag seit mehr als einem Jahrzehnt eingegliedert worden. Dessen Ergebnisse haben erlaubt, die Fortschritte von einem Diskurs und den Praktiken von Interkulturalität als Aushängeschild des chilenischen Staates zu zeigen. Die Pläne wurden von verschiedenen in sich verstrickten Gemeinschaften entworfen und von der Übereinstimmung mit den staatlichen und ökonomischen Interessen ins Spiel gebracht. Für die wahrhaften Mitglieder der Regierung wird CONADI sein institutionales Ziel in dem Maß verlieren, dass die Organisation dazu neigt, sich mit den Interessen der ethnischen Minderheiten zu identifizieren. Im Gegensatz dazu konnte diese Kommission für die Führer der indigenen Gemeinden nicht die unzähligen Erwartungen erfüllen, die sie für das Lösen ihrer vielfachen Probleme der Entwicklung entworfen haben.

In jedem Falle bleibt der Wille der chilenischen Regierung, ein spezielles Organ zu haben, das die Verbindung mit den ethnischen Minderheiten aufrechterhält, festzuhalten. Es ist sehr schwierig, mittels der häufigen ideologischen Kontroversen von allen und jedem Einzelnen der in Disput stehenden Sektoren, ein prüfendes Urteil von einer Regierungsorganisation innerhalb der Bürokratie des chilenischen Staates vorzulegen. In der Mitte der komplexen nationalen, regionalen und lokalen Kontroversen, wie z.B. bei den Erwartungen der Minderheiten, stehen die unzähligen generellen Widersprüche. Wenn wir die Erfahrungen anderer Staaten berücksichtigen, beobachten wir keine Situationen, die erlauben, dass ihre generelle Logik sich verändert. Möglicherweise müsste man dem Aufrechterhalten der bürokratischen Struktur des chilenischen Staates weiter folgen, aber nicht so, dass sie andere neue politische und juristische Elemente hinzuziehen, die in den zukünftigen Jahrzehnten umdefiniert werden müssen (Aylwin, 2003).

Innerhalb des Rahmens dieser Arbeit kann man bestätigen, dass diese Regierungskommision verschiedene interkulturelle Räume des Zusammentreffens mit der chilenischen Gesellschaft, besonders in der Bildung (Chiodi & Bahamondes, 2002), in den Künsten und im öffentlichen politischen Diskurs geschaffen hat. Das hat erlaubt, eine größere Anerkennung der ethnischen Minderheiten in der chilenischen Gesellschaft zu erzeugen. Die Geschichte und kulturell homogene Art wird repräsentiert und dessen Tendenzen sind den Autoritäten und Rassisten unangenehm aufgefallen (Foerster, 2001). So hat CONADI die Relevanz einer ökonomischen und kulturellen Entwicklung einleuchtend dargelegt, die von den indigenen Gemeinschaften, speziell den Mapuche, respektiert werden sollten. Es ist der Anteil zu berücksichtigen, der zur steigenden Zunahme der indigenen Gebiete trotz ihrer territorialen und hydrischen Grundlagen geführt hat.

Uns bleibt nur noch unsere bevorzugte Meinung in Bezug auf den Teilerfolg der Politik zu erläutern, die immer stärker auf die Verbindung zwischen Entwicklung und indigener Kultur abzielt und als ängstlicher Entwurf der Anerkennungspolitik gewertet wird. Diese Bewertung verkennt nicht, dass interne und externe Grenzen von der Bürokratie existieren, die Teil eines komplexen Prozesses der Homogenisierung und kulturellen Assimilation der Minderheiten ist und historisch durch den chilenischen Staat realisiert wurde. Deshalb werden im Bereich der Zweideutigkeiten und Widersprüche Fortschritte gemacht, welche die eigenen der chilenischen Gesellschaft sind und heute außerdem in der politischen Verschuldung mit ihrer unmittelbar autoritären Vergangenheit Ausdruck finden.

C) Projekt ORIGENES für die indigenen Dörfer

Das Programm Origenes stammt aus einer Regierungsinitiative und wurde mit einem Beitrag des chilenischen Staates und mit einem mehrstufigen Darlehen der Interamerikanischen Bank für Entwicklung (BID) finanziert. Das Programm wirkte in seiner ersten Phase (2001-2004) in ländlichen Zonen von 5 Regionen des Landes (I, II, VIII, IX u. X Region). Dieses Programm will ausdrücklich eine neue Form der Beziehungen zu den indigenen Dörfern antreiben und einrichten, ihre Lebensbedingungen mit einer integrierenden Einstellung und ethnisch kulturellen Dimension verbessern (Cf. www.origenes.cl). Sie reflektiert wahrhaft den teilweisen Nutzen eines ausdrücklichen Diskurses, der auf eine Politik der Anerkennung zurückgreift.

In diesem Sinn verbindet sich das Programm Orígenes genau mit dem Thema der Entwicklung und Kultur, welches wir in diesem Artikel thematisieren, denn es zielt ausdrücklich auf das Erarbeiten von Wegen, die von den Instanzen der chilenischen Regierung, von dem Ministerium für Planung und Zusammenarbeit und von anderen Regierungsorganisationen, die in den Gebieten der indigenen Bevölkerung präsent sind, bevorzugt werden: Bildungsministerium, Gesundheitsministerium, Institut für agrarwirtschaftliche Entwicklung, Nationale Forstkooperation und nationale Kooperation der indigenen Entwicklung, welche die Vereinbarungen mit MIDEPLAN als coausführendem Organismus zu diesem Programm unterzeichneten.

Dieser Entwurf, sein Organismus und die Arbeitsweise des Programmes Orígenes antwortet auf eine interessante intersektoriale Logik, die durch die chilenische Regierung angestoßen wurde, dessen ausdrücklicher Diskurs interkulturell ist und sich mit einer dezentralisierten und im Wesentlichen partizipativen Methodik präsentiert. Dieses letzte führt auf einen neuen Diskurs der chilenischen Regierung zu einer neuen Form der Beziehung zwischen dem Staat und den indigenen Dörfern zurück als das, was in ihren Empfehlungen die Kommission für „historische Wahrheit und neue Vereinbarungen" vorschlägt. Trotzdem, wenn wir zum Teil einige der finanzierten und bereits durchgeführten Initiativen bewerten, vermindert sich der generelle Rahmen der Spannungen und Konflikte der Territorien bei der Suche nach Anerkennung. Es bleiben verschiedene Zweifel für die Mitglieder der Gemeinschaften in Bezug auf die effektiven Ergebnisse bestehen, die dieses Programm intersektorial erreichen kann. So betonen insbesondere einige Anführer ihre Besorgnis im Bereich der Kontinuität bei der Unterstützung und hinsichtlich der Nachfolge der beginnenden ökonomischen Initiativen.

Zusammenfassend ist es ein relevantes Programm, um konkret Rechenschaft über den Stand der alternativen und unterstützenden Entwicklungen abzugeben, die mit den komplexen Realitäten der Ökonomie der indigenen Gemeinschaften übereinstimmen, was man durch all das verstehen kann, was in dieser Arbeit angesprochen wurde. Das Wissen der integralen Entwicklung soll mit der Identität trotz der spezifischen soziokulturellen Dimensionen der ländlichen indigenen Gemeinschaften berücksichtigt werden. In diesem Plan kann man die erneuernde methodische Einstellung werten, die als ausdrückliches Ziel versucht, dass „die Protagonisten dieses Programmes die ländlichen indigenen Gemeinschaften sind". Alle, die in dem Programm der Entwicklung mit den Minderheiten zusammenarbeiten, erkennen, dass, wenn man die Projekte von den tatsächlichen Konflikten her in der koordinierenden Führungsrolle der verschiedenen Regierungsinstanzen und in der zurückgehenden Anzahl von Beschwerden der indigenen Bevölkerung analysiert, so wird sich um eine stärkere Partizipation bemüht und der Erfolg dieses Ergebnisses ist von höchster Schwierigkeit. Uns scheint, dass ein definitives Ende des Programmes erhofft wird, um die Wirkung von allen umgekehrten Ressourcen bis zu diesem Datum abwägen zu können (Cf. Eine Kritik dieser Auffassung findet sich unter: http://www.lyd.com /programas/economico/presupuesto2005/evaluando.html). Auf die gleiche Art Ergebnisse auszuwerten, um die Ausstattung der intersektoralen Logik von den verwickelten Ministerien zu beurteilen. Genauso müsste die angemessene Beurteilung der nationalen Interessen des Programmes mit den regionalen und lokalen Interessen ausgewertet werden und in jedem Falle der Protagonismus von all den Mitgliedern der indigenen Gemeinschaften und nicht nur von einigen Teilen von ihnen.

3. Strategische Gebiete über das Wissens der Gemeinschaft, Technologie und Entwicklung der indigenen Bevölkerung

Als letztes scheint es uns, dass die Analyse der ökonomischen und politischen Rationalisierung und der Entwicklungspolitik in die Gebiete der Mapuche durch den chilenischen Staat führt. Sie entwerfen andere spezielle Beziehungen zwischen dem traditionellen Wissen und den neuen Erkenntnissen und geforderten Praktiken durch ein ökonomisch rationalisiertes und technologisiertes System. Wir heben vier Themen hervor, die uns am bedeutendsten für unsere Ausführungen erscheinen:

A) Traditionelle produktive Formen und der internationale Markt

Eine der großen Problematiken, die die Entwicklung der indigenen Gemeinschaften betont, weist auf die möglichen Alternativen ihrer traditionellen Produktionsweisen hin, wie viele der Güter und Produkte, die einen Teil des lokalen und regionalen ökonomischen Zyklus ausmachen, die schon nicht mehr erhalten werden können, weil das ökonomische chilenische System, ausreichend globalisiert, sich stark an den internen Formen ihres Marktes orientiert. Viele Agrarorganisationen der Mapuche sehen in der Pflicht, die Strategie der ökonomischen Variabilität auf sich zu nehmen, die neuen Nischen des internationalen Marktes und berücksichtigen andere alternativ verschiedene Produkte (pharmazeutische

Produkte, touristische Dienstleistungen, künstlerische und kulturelle Erkenntnisse). Eine erste Annäherung hat gezeigt, dass die Agrarvereinigungen der Mapuche den Willen haben, die interkulturellen Lehren eines internationalen Marktes auszuführen, aber in vielen Fällen diese Pilotprojekte durch das Fehlen der technischen Unterstützung in den Systemen der Kommerzialisierung scheitern (VVAA, 2000).

B) Praktiken und das Wissen der Heilung und wissenschaftlichen Medizin

Eines der großen Themen, die in diesem Kontext der Gesundheit hervorquellen, ist die Verbindung zwischen vorherrschender „wissenschaftlicher" Medizin und der traditionellen Medizin. Während vielen Jahrzehnten festigte sich in den Universitäten und chilenischen Krankenhäusern die positive Idee, dass die einzig erfolgreiche Medizin diese war, die mit kognitiven und instrumentellen Paradigmen der Wissenschaften sowie durch die Entwicklungen durch die Wissenschaftler und Mediziner im Okzident assoziiert wurde. Alles andere Wissen und alle anderen Praktiken der indigenen Bevölkerung wurden als folklorisch verbannt oder offen als Rest von „magischen und abergläubischen" Praktiken diskriminiert, was augenscheinlich mit einer Ausrottung gleich kam.

Seit zehn Jahren werden in einigen Krankenhäusern der Neuen Region Pilotprojekte ins Leben gerufen, zu denen die Mapuche Zugang haben. Es handelt sich um einen Typ von Gesundheit mit gemischter Hilfe des westlichen und traditionellen Wissens, von daher sind auch interkulturelle Praktiken möglich. Fest steht, dass auch Schamanen mitspielen können, um ein entsprechendes interkulturelles Verständnis der Krankheiten und der Heilungsmöglichkeiten bei den indigenen Patienten zu erreichen (Citarella, 1995 und Bacigalupo, 1999). Man erneuert auf der anderen Seite das Interesse der neuen Generationen durch die traditionellen Gesundheitspraktiken.

Der Riss des wissenschaftlich-rationalistischen Paradigmas und die Legitimität, die die alternative Medizin erreicht hat, haben dazu geführt, die traditionelle Medizin und die Nutzung von medizinischen Pflanzen zwischen den Mapuche und den Nicht-Mapuche neu zu bewerten, wobei interessante Perspektiven für die Verbreitung von Erkenntnisaussagen und Praktiken ans Licht kommen. Von der Internationalisierung ausgehend, soll die legale Übereinstimmung diskutiert werden, die mit den relativen Rechten hin zum traditionellen Wissen verbunden ist und teilweise zur Erkenntnis des medizinischen Wissens führt. Diese erkenntnistheoretischen Aussagen widersetzen sich auch den großen pharmazeutischen Multikonzernen der großen fortschrittlich entwickelten Länder.

C) Einheimische Sprache, Schule und interkulturelle Bildung

Das Thema der Sprache ist wahrhaft fundamental bei den Forderungen einer indigenen Bewegung, denn in der Erhaltung, der Benutzung und dem Einfluss erscheint tatsächlich die Zukunft als eine der eigenständigen Elementen, die das sozio-kulturelle Entwicklungsprojekt auf lange Sicht einer ethnischen Minderheit charakterisieren. Man hat in diesem Rahmen erreicht, die Angleichungsstrategie des Staates teilweise zu übertreffen, die trotz der Grundschule versuchte, die neuen Generationen der indigenen Bevölkerung seit 1881 bis jetzt zu castellanisieren. Bis zu diesem Moment wurde die einheimische Sprache in Sektoren der ländlichen Bevölkerung angewandt. In städtischen Sektoren beginnt sie sich stärker durch die Organisationen mit einem starken Identitätsdiskurs auszubreiten. Sie konnte ihre orale Benutzung überschreiten, um einen langsamen Prozess der Übertragung in die geschriebene Form zu beginnen, indem sie sich in vielfältigen Texten von Schriftstellern, Literaten und Lehrern manifestierte, die sie in diesen letzten Jahren gedruckt haben. Im Interesse ihrer Protagonisten wurde der graphische Typ genutzt, um Einfluss zu haben.

Auf dieser Ebene scheint es uns, dass man der *Mapudungun* (der Sprache der Erde) effektive Anzeichen von Macht gegeben hat, um sich der rationalisierten Diskussion der großen sozio-kulturellen Themen von heute anzuschließen. Sie scheint keine stagnierende Sprache zu sein wie sie in anderen sprachwissenschaftlichen Experimenten vorkommt, sondern sie hat sich wie die indigene Bevölkerung an die Rekonstruktionen ihrer Identität durch eine rationalisierte moderne Welt angepasst (Carrasco, 2002). In dieser Erhaltung der Sprache trifft man die Grundlagen, um die homogenisierte Kontrolle der modernen Sprachen von seinen eigen Parametern her diskutieren zu können, aber sie werfen auch verschiedene Hindernisse in ihrer systematischen Benutzung in den Schulen auf.

D) Bedeutungen der Lebenswelt und die NICS

Einer der bedeutendsten technischen Aspekte der kulturellen Transformationen der zeitgenössischen Welt der Mapuche ist die systematische Benutzung der aktuellen Kommunikationstechnologien durch Teile der neuen Organisationen und indigenen Gemeinden. Es existieren weder Technologien noch Formate, die für das Ausdrücken der Rekonstruktion der Identität der Mapuche nicht erforscht wären (Video, Musikkassette, Internet, Mobiltelefon, etc.). Trotz ihrer Nutzung und der symbolischen Wiedererkennung legt sie nicht nur das Interesse durch die Möglichkeiten der neuen technologischen Stützen, sondern auch die kreative Suche durch die neuen Räume und Zeiten dar, die die großen technologischen Medien eröffnen. Dies zeigt bis zu einem gewissen Punkt die kulturelle Öffnung zu anderen Formen der Rationalisierung.

Dieser Anschluss der Technologien und der Nutzen der Möglichkeiten, die diese Medien eröffnen, bestätigt zum Teil die prinzipielle These, die wir in diesem Artikel aufstellen wollten, die verschiedenen kulturellen Kapazitäten – verbunden mit den kognitiven und technischen Rationalitäten – der Lebenswelten der Kultur der Mapuche zu kennen. Diese exogenen soziokulturellen Elemente werden selektioniert, um ihren Fortbestand in der Zeit zu ermöglichen. Auf diese Art erscheint es uns, jede These zu überprüfen, die einen Bruch zwischen einer Rationalität der Veranlagung des Wissens und einer anderen operativ-instrumentellen Rationalität feststellt und die nicht die notwendigen Beurteilungen versteht, die zwischen der Entwicklung, der indigenen Kultur und der Technologie berücksichtigt werden. Diese Problematik berücksichtigen wir in Bezug zum System der Machtausübung, dass uns auf die Art entscheidend erscheint, wie man den Schnittpunkt der Rationalitäten politisch ausdrückt.

IV. Die zwischenethischen Konflikte im Bereich der Entwicklung und Typen der Herrschaft

Das Problem der ethnischen Entwicklung, schon beschrieben in der zeitgenössischen Situation der Mapuche, enthält viele allgemeine Aspekte anderer Volksgemeinschaften. In der Perspektive einer interkulturellen Philosophie, die vor allem uns interessiert, treten die neuen Beziehungen der Macht in den Regionen Lateinamerikas hervor, wo eine starke Präsenz der Gemeinschaften vorhanden ist. Dort drohen die gewalttätigen zwischen-ethnischen Konflikte, die demokratischen Formen von interkulturellem Zusammenleben zu zerstören, auf verschiedene Art und Weise durch die Nationalstaaten verschuldet. Um nicht nur eine Anerkennungspolitik zu entwickeln, erforscht man die sozio-politischen Strukturen und Ökonomien. Es ist grundsätzlich erforderlich, die Ziele der Machtausübung zu dem zwischen-ethnischen Kontakt in Bezug zur inneren und äußeren Gemeinschaft zu erforschen und vor allem den praktischen Sinn ins Spiel bringen, um die Beziehungen der Macht zu definieren und die Legitimität der Führungsrolle zu erlangen.

Eine Anerkennungspolitik versteht die Elemente der derzeitigen Identität in den Gemeinschaften und in den verschiedenen Bewegungen, die auftauchen, kann die vernünftigen Entwürfe und die derzeitigen Logiken der Handlung in den Entwicklungsvorschlägen bewerten. Dies zeigt der eventuell selbsterhaltenden Charakter. Ausgedrückt wird er in charakteristischen Regionen durch die „Verneinung des Anderen", was sich historisch in Lateinamerika durch die Gewalt, die Armut und die Diskriminierung ausdrückt. Mit anderen Worten durch die systematische Verneinung der Legitimität der produktiven indigenen Systeme.

Innerhalb dieses Interpretationsrahmens einer interkulturellen Politik erscheint dies angemessen, denn die Handlung auf gewalttätige Art, um wachsende Konflikte zwischen den menschlichen Gemeinschaften zu lösen in Verbindung mit denen, die Macht ergreifen und versuchen, die zwischen ethnischen Konflikte, die sie von einer „ungleichen Entwicklung" ableiten, zu lösen. Auf die gleiche Art muss die Tendenz einer „Gerechtigkeit durch die eigenen Hände" analysiert werden. Sie soll gebremst werden wie die Implementierung von para-legalen Systemen und die Bekämpfung durch die Polizei und „private" Sicherheitskräfte, die sowohl in den regional vorherrschenden Klassen als auch bei einigen Mitgliedern der ethnischen Bewegungen im Dunkeln tappen.

Machen wir eine kurze Diagnose im Bereich der zwischen-ethnischen Konflikte und der Systeme der Führungsrolle. Trotz den Prozessen von der Entstehung der Machtausübung mit ihrem gewohnheitsmäßigen Recht und ihrer Beziehung zu den Prozessen der Rationalisierung der vorherrschenden chilenischen Gesellschaft sind sie heute in den Prozess der Globalisierung der Ökonomie eingegliedert.

Eine interessante Verbindung im Bereich des Systems der Machtausübung und ihre Verbindung zu den Entwicklungsprojekten führte uns, als wir vor einigen Jahren eine Forschung beendeten, zu Erhebungen, die bei den Führern der indigenen Gemeinschaften und Organisationen in zwei Gemeinden der Neuen Region in Chile vorhanden sind. Die Kritiken der traditionellen Machtausübung gegenüber den Strukturen der politischen und ökonomischen Machtausübung sind in eine interkulturelle Kritik zu den führenden Rationalisierungsarten eingeschlossen, welche die modernen Entwicklungsprojekte der dominierenden Gesellschaft implizieren. Diese Perspektive weist auf eine theoretische Fragestellung zurück, die durch Max Weber in *Ökonomie und Gesellschaft* erarbeitet wurde. Er beschreibt die „reinen" Typen der Herrschaft, wobei er drei Typen von Gesetzmäßigkeiten unterscheidet, die rational, traditionell und charismatisch sein können (Weber, 1987, S. 172). Unserer hermeneutischer Vorschlag formuliert dieses Konzept über die Konflikte der Rationalitäten um, sodass die Ethnoentwicklung entworfen wird. Vor allem soll aber die Perspektive hervorgehoben werden, legitime Normen zu präzisieren, um eine ethnisch-politische Perspektive zwischen ethnischen Beziehungen aufzubauen.

Unseres ethnographische Studium brachte drei Schlussfolgerungen im Bereich der Fragestellung der Legitimität hervor. An erster Stelle könnte gesagt werden, dass die Machthaber und interviewten Führer in den Kommunen von Temuco und Saavedra die Bewertung des Modernisierungsprozesses der chilenischen Gesellschaft betonen, der eine Rechtskritik aber nicht ausschließt, die vor allem durch die widersinnigen Konsequenzen für die ärmsten, indigenen Sektoren hervorgerufen wird. Von hier an entwerfen sie das Thema der Entwicklung in einem Kontext der Beziehungen, in dem die indigenen Gemeinschaften effektiv soziale und kulturelle Akteure sind. Sie sind Protagonisten auf ihre eigene Art, um in die gemischten Produktionsprozesse einzugreifen, welche die ökonomische Modernisierung erzeugt. Damit stimmen wir mit dem beschriebenen Programm Orígenes überein.

Die Machthaber und traditionellen Führer geben ihre Notwendigkeit und ihr Interesse durch die technologischen Instrumente zu erkennen. Sie wollen die Erde kultivieren, sie lehnen die westliche Medizin nicht ab und sie sind keine

Gegner der Dienstleistungen, welche die Technologie der herrschenden Gesellschaft anbietet: sie wollen Elektrizität, Trinkwasser, Fernsehen, den Straßenbau. Außerdem wollen sie öffentliche Fonds, um sozio-ökonomische mikrolokale Projekte zu finanzieren, indem sie die Partizipation ihrer Machthaber in den internationalen Organismen bewerten. Wir wissen, dass viele von ihnen, moderne Fahrzeuge und Uhren benutzen, moderne Büros leiten, die Fax und Computer einsetzen.

An zweiter Stelle kennen die indigenen Machthaber die neuen Möglichkeiten an, die die Prozesse der Rationalisierung der ökonomischen Moderne eröffnen. Aber sie glauben nicht, dass dieser Prozess der Integration zur kapitalistischen Logik ihnen effektiv den Fortschritt und den Wohlstand für die Gesamtheit der indigenen Gemeinschaft bringen wird. In dem geographischen Kontext, in dem sie leben, berücksichtigen viele klar und deutlich, dass sie sich in geographischen Territorien, die sehr schwierig zu bewirtschaften sind, befinden. Sie wissen, dass ihre Ökonomien der Selbstversorgung sehr unsicher sind, da die Gebiete der Erosion unterliegen und sie nicht auf technische und finanzielle Hilfe zählen können, um mit anderen ländlichen chilenischen Gebieten der Region zu konkurrieren. Die Versorgung kann für die minimale Versorgung einer familiären Gruppe reichen. Dadurch überlagern Armut und Diskriminierung einige familiäre Gruppen und sind zum Teil ein wichtiger Bereich der Gemeinschaft.

Die Forderungen der Regierungsorganismen, in die Gebiete der Mapuche innerhalb der rationalisierbaren Forderung des Produktionsprozesses einzudringen, hat man nicht auf die Einheit der ethnischen Gemeinschaft ausdehnen können: immer wurde ein Preis für Familien und Bereiche der Gemeinschaft genannt, der sie ausgeschlossen bleiben lässt. Diese Grenzen des Prozesses der Rationalisierung der bäuerlichen Modernisierung erzeugt häufig Mutlosigkeit und eine Ungeduld zwischen einigen ärmeren und traditionelleren familiären Gruppen der Gemeinschaft. Sie sind häufig in der Übernahme der Positionen unnachgiebiger gegenüber den autonomen Logiken der kapitalistischen Rationalisierung. Oftmals sind es diese familiären und ausgeschlossenen Gruppen, die sich in die Spirale der Gewalt verwickeln und unerschrocken gegen die zwischen-ethnische Diskriminierung kämpfen. Dies drückt sich historisch in den Territorien der indigenen Bevölkerung aus und fordert bis zum heutigen Tag neue Opfer. Die indigenen Aufstände finden oft statt und kommen von der chronischen Armut und Frustration vieler dieser Gemeinschaften.

An dritter Stelle antwortet die politische Urteilskraft der Machthaber über die chilenischen Prozesse der ökonomischen Modernisierung auf die teilweisen Probleme und führt sie auf die klaren lokalen sozio-ökonomischen Grenzen des Modernisierungsprozesses zurück, wie ihn die Familien und indigenen Gemeinschaften im Zusammenhang erdulden. Es sind diejenigen die Machthaber, die manchmal eine hohe Anerkennung erreichen und die auf die dringenden Notwendigkeiten antworten, aber die kein politisches Projekt der regionalen Entwicklung auf mittlere und lange Sicht haben.

Trotz dieser Wahrnehmungen der sozio-politischen Grenzen des Modernisierungsprozesses glauben wir, einen Kontaktpunkt mit der indizierten Theorie von Weber zu sehen, im Besonderen in der Beziehung zu den Mechanismen der erarbeiteten Übereinstimmung durch die herrschende Gesellschaft. Vor allem die Erosion von den Systemen der Legitimierung der traditionellen Machtausübung führt immer stärker zu der Entstehung von charismatischen Anführern im weberianischen Sinn, die „keine Subjekte zu keiner Regel sind" und bezüglich „der Vergangenheit innerhalb ihrer eigenen Sphäre umstürzen und dies in diesem Sinne das speziell revolutionäre ist" (Weber,1987, S. 195). Man hat dieses Thema in unserem Land in den letzten Jahren wenig erforscht, aber wir wissen durch einige Arbeiten der Soziologie und der politischen Anthropologie, dass diese verschiedenen in Frage kommenden Transformationen in den Mechanismen der Folge der assoziierten Institutionen zur traditionellen gemeinsamen Führungsrolle seit der charismatischen Herrschaft existieren und dass sie heute manchmal als eine gleichgültige Art in den Konzepten des „ethnischen Radikalismus" oder „Fundamentalismus" mehr in Mode sind.

In unserem Studium stellten wir fest, dass nicht alle Führer der indigenen Gemeinschaften die Legitimation in gleicher Form erreichen wollen. Einige von diesen Machthabern versuchen eine charismatische Führungsrolle zu erzielen und Anerkennung der Gemeinschaften in dem Maße, dass sie versuchen, einige konkreten und lokalen Probleme der Gemeinschaften zu lösen. Ein indigener Führer wird auch dann heilig gesprochen, wenn er mit der Lösung der konkreten Probleme triumphiert, welche die Familien quälen. Sie bemühen sich, die Beziehungen der Privilegierten und anderen Personen oder Institutionen aufrechtzuerhalten, die sich Symbole und Materialien sichern. Diese Formen der Machtverteilung sind relevant, weil man hier nach unserer Meinung nach die Möglichkeit eines Festmachens wirklicher Unterscheidungen hat. Die kulturelle Hauptrolle der Entwicklungsprojekte ist mit einbegriffen, die eine ethisch-politische interkulturelle Perspektive fördert, so wie wir es vorschlagen.

Aber es existiert eine dünne Grenzzone zwischen den verschiedenen Führungsrollen, die man zu Beginn unserer Studien nicht sehr gut darstellen konnte und die uns nach und nach auf die weberische Unterscheidung zwischen der charismatischen und der bürokratischen Machtausübung hinweist. In diesem Kontext der Führungskräfte treffen wir die weberische Definition an, die kontinuierlich wichtig war, weil diese Machtinhaber eine professionelle Qualifikation haben, bezahlt werden und die Finanzierungsprozesse des rationalisierten Systems übernehmen (Weber, 1987, S. 179). Heutzutage ist bei diesen Konflikten die Berücksichtigung der neuen Verschiebung der traditionellen Machtausübung – assoziiert mit den neuen Formen des Wissens und der traditionellen Norm – zum Typ der bürokratischen Beherrschung interessant. Das drückt sich darin aus, dass die Anführer immer jünger werden und die Netzwerke der rationalisierten Hilfswerke kennen. Sie stellen die notwendigen Dienstleistungen der ethnischen Bewegung zur Verfügung. In diesen Momenten der Verschärfung des zwischen-ethnischen Konfliktes findet sich oft eine Spannung, die es nicht erlaubt, die verschiedenen Typen der Führungsrollen im Inneren der eigenen Gemeinschaften zu harmonisieren.

Im Kontext des Disputs und den raschen Veränderungen wie bei den verschiedenen Prozessen der Modernisierung, können unterschiedliche Spannungen beobachtet werden. Oftmals fordern die Herrschaftstypen auf, sich solange es notwendig ist zu harmonisieren. Die traditionellen Machthaber müssen dauerhaft neue materielle und symbolische Ressourcen für die Gemeinschaft anlocken und sind nur für die bürokratische Machtausübung zuständig. Vielleicht zeigen die „bürokratischen" Führungskräfte eine schmale Verbindung zu einer traditionellen Gemeinschaft auf, wo das Wissen und die traditionell notwendigen Normen existieren. Sie dienen ihnen bei einer grundlegenden sozio-kulturellen Kritik, die ihr politisches und legitimes Anrecht ihrer dauerhaften Forderungen neuer Ressourcen an die dominante Gesellschaft unterstützt. Die erste Gruppe hat eine sehr kurzfristige Vision und beschreibt diese durch die konkreten Notwendigkeiten und durch das traditionelle Wissen. Die zweite Gruppe hat mittel- und langfristige Projekte für die ethnische Bewegung begonnen, weil sie geregelte Handlungen am Ende voraussetzt. Kurz und gut die traditionellen Führer der Gemeinschaften regieren nicht durch die Logik von politischen Verhandlungen, sondern durch die Logiken, die mit dem rationalisierten System verbunden sind. Die zweite Gruppe ist solange verpflichtet ihre Führungsrolle zu akzeptieren wie die Leitung und dauerhafte Auseinandersetzung zwischen den politisch-kulturellen Kodizes es erfordert.

Diese Gegenbeurteilung der Herrschaftsmechanismen der ethnischen „Lebenswelt" ist viel komplexer, weil sie auf eine Gegenschaltung der repräsentativen, normativen, bewerteten und praktischen Produktionssysteme der autonomen Logiken des Modernisierungsprozesses verweist. Diese Transformation, denen man in diesen Typen der kulturellen Herrschaft in der Entwicklungsregion der Araukaner begegnet – und die man natürlich in anderen Systemen anderer Länder Lateinamerikas antrifft – ist entgegengesetzt der Vision Webers von der kapitalistischen Ökonomie, die uns in letzter Instanz in einem „eisernen Käfig" gefangenhält. Das erlaubt uns, die Logiken des geformten Systems im Inneren der eigenen Dynamiken der Lebenswelten zu integrieren. Mit anderen Worten können wir die Vorteile und Kosten der Modernisierungslogiken diskriminieren, wenn wir die wachsende Rationalisierung der Lebenswelten erlangen. Trotzdem muss die Komplexität der wachsenden zwischen-ethnischen Konflikte in letzter Instanz mit einer reflexiven Übernahme und Praxis rechnen. Die neuen Möglichkeiten unterscheiden, indem sie traditionelle Identitätswerte und instrumentelle Werte, die in einer modernen chilenischen Gesellschaft vorherrschen, gegenüberstellt. In diesem Sinn, ist es präzise, einen theoretischen Vorschlag zu machen, der sich einer Konstruktion von Machtbefugnissen bedient, die nicht das traditionelle Modell zerstört, aber die auch das langwierige politische Projekt übertrifft.

V. Zusammenfassung

Indem wir kurz die Formen der Führungsrolle skizzierten, können wir jetzt unterschiedlich interessante Fragen einer Anerkennungspolitik im Hinblick auf die Prozesse der Rationalisierung aufstellen: Welche Konsequenzen hat die Zuweisung eines klaren politisch-kulturellen Protagonismus für die Interpretationsprozesse, welche die traditionellen, charismatischen und bürokratischen Anführer einer ethnischen Minderheit erarbeiten? Kann man sich vergewissern, dass die charismatischen Anführer über die Konflikte den Nutzen eines Entwicklungsprojektes für die Einheit der ethnischen Gemeinschaft erlangen? Ist die Erneuerung der Machthaber durch andere, die keinen traditionellen Regeln folgen notwendig, um einen neuen Typ der innerethnischen und außerethnischen Beziehungen erzeugen zu können?

Ein zentraler Aspekt der Anerkennungspolitik ist es gerade, diese Beziehung der ökonomischen Interessen in Bezug zu den Positionen der Macht aufzuzeigen. Diese führen zu einem Anschluss des legitimen Systems der Machtausübung. Von hier aus könnte man drei damit verbundene Fragestellungen neu definieren: die Erste, die Wiederherrstellung der Identität der Mapuche im Kontext der technologischen Globalisierung; die Zweite, die Entkolonisierung der Lebenswelt der Mapuche und die Dritte, die interkulturellen Herausforderungen des kulturellen Wissens und Handelns, zum Teil die dringenden ethisch politischen Herausforderungen.

In der Perspektive, die wir aufgezeigt haben, ist die Berücksichtigung vom Hervorquellen eines Teiltyps der charismatischen Machtausübung relevant, der danach strebt, sich unterhalb der stärker irrationalen Formen der Wiederherrstellung der ethnischen Identität anzusiedeln – in diesem weberianischen Sinn schon aufgezeigt – , um am Ende den Kreis der Umstrukturierung zur eigenen ethnischen Identität zu schließen. Diese Führer sind es, die oftmals Handlungen vornehmen, die die hegemoniale Entwicklung verwechseln und sie vom Prozess der ökonomischen Modernisierung realisieren. Die stärksten interkulturellen Konflikte auf der Erde zeigen, dass die eigenen kulturellen Handlungen vom „entscheiden“, „aussortieren“ und „auswählen“ durch die Struktur der charismatischen Herrschaft neutralisiert werden, die häufig in verdichteten Positionen im Radikalismus endet, der oftmals keine Notiz davon nimmt, was für das Entwicklungsprojekt der ethnischen Minderheiten das Beste ist. Er hat die Wahl, ob sich die Hilfe auf die stärker aktiv kämpfenden Mitglieder der einen Seite konzentriert, die nicht die Kosten der homogenen Modernisierung akzeptieren, obwohl ihre Kritik stärker der modernen Rationalisierung gilt.

Diese Behauptung könnte eine fehlverstandene Idee mit sich führen, wobei in diesem Typ der Führungsmacht keine Form des Typs der Rationalisierung existiert. Wie wir festgestellt haben, ist es das Entgegengesetzte, weil es sich unterhalb der Formen der Legitimierung in der Funktion neuen Glaubens verstärkt. Handlungen des Widerstandes werden dadurch hervorgebracht, die man gegenüber dem hegemonialen Modell aufstellt. Dieser Typ der Führungsrolle erkennt häufig die liberale Idee im Bereich der Freiheit und notwendigen Gleichheit innerhalb der Gruppen nicht (Kymlicka, 1996, S. 266). Hingegen hilft dieser Prozess der Ausdehnung der charismatischen Führungsrolle oftmals bei den Schwierigkeiten der technologischen Rationalität, um die verschiedenen Wissensbereiche, Praktiken und Logiken der Entwicklung in den armen ethnischen Gemeinschaften zu vermitteln.

In diesem Sinn leben die Gemeinschaften der Mapuche in einer sehr komplexen Situation wie auch andere indigene Dörfer. Sie müssen den sozio-ökonomischen Prozess zum Inneren eines nicht regulierten Rahmens hinzufügen, der durch den eigenen internationalen kapitalistischen Prozess erzeugt wird. Er wird trotz des instabilen Gleichgewichtes zwischen verschieden mächtigen ökonomischen Kräften auf nationalem und internationalem Niveau bestimmt. Deshalb muss die Wiederherstellung der Machtausübung einen Führungstyp sichern, der die Realisierung der interkulturellen Kritik der ökonomischen Modelle und technologischen Vorschläge sichert, mit anderen Worten, der die wachsende Entkolonisierung in den Lebenswelten der indigenen Bevölkerung erlaubt.

Uns scheint es, dass die zwischen-ethnischen Konflikte verpflichten, die prinzipiellen interkulturellen Herausforderungen des Wissens und des kulturellen Handelns zu berücksichtigen und zum Teil in den ethisch-politischen Herausforderungen zu präzisieren. Innerhalb dieser Aussage ist es entscheidend, dass die Definition von Regeln des Überlebens nicht allein die Lösung von einer traditionellen Machtausübung sein kann, die an eine mythisch-religiöse Vergangenheit appelliert. Es soll das mehrheitliche Spiel der charismatischen und bürokratischen Machtausübung aufgefordert werden, die Relevanz einer Macht zu zeigen, die demokratisch den Schoß des ethnischen Kollektivs reguliert. Die regulierende Vernunft im offenen politischen Feld spielt eine große Rolle: von den traditionellen Machthabern, von den bürokratischen Machthabern oder von jedem anderen repräsentativen Subjekt einer Gemeinschaft, welches versucht, irgendeinen Typ des Protagonismus gegenüber der gemeinschaftlichen Umstrukturierung und damit der Zerstörung der ethnischen Identität durch Teile der tatsächlichen Globalisierung zu erlangen. Hier führt die Herausforderung des Denkens zu einer Idee angemessener Demokratie eines ethnischen Bürgertums.

Die These der demokratischen Grundlage einer Anerkennungspolitik, die sich mit einer selbstverwaltenden und interkulturellen Entwicklung verbindet, ist, dass die Hilfe zu selbst ernannten Führern nicht von all den Grundkonditionen für die Lösung der Interessenkonflikte bestimmt werden kann. Gefordert werden diskursive Methoden zwischen verschiedenen Partnern. Es handelt sich um das Wiederherstellen der legitimen Machthaber, um in einem komplexen

Dialog glaubhaft zu machen, dass die Interessen der Kulturen in der Auseinandersetzung übernommen werden.

Diese gelebten Situationen während der letzten Jahrzehnte in den Mapuche Gebieten erlauben die große Komplexität zu berücksichtigen, welche die Probleme der Entwicklung und der Demokratie in einem zwischen-ethnischen Rahmen aufzeigen. Die Spannung zwischen der wachsenden Rationalisierung der ethnischen Lebenswelt und den neuen Arten der Machtlegitimierung wird weiterhin zunehmen. Um eine Anerkennungspolitik zu entwerfen, fordert man dazu auf, die Schwierigkeiten zu beantworten, welche die Minderheiten haben. Damit sollen politische Prozesse hergestellt, die praktisch mithelfen, ihr materielles Leben durch einen Prozess der kapitalistischen Rationalisierung von „peripherer" Modernisierung zu reproduzieren. Dabei stellt man fest, dass das rationale Projekt durch die ökonomische monokulturelle Entwicklung mit Blick, das soziale und ökonomische System zu reproduzieren, zum Opfer gefallen ist, welches die ökonomischen Gemeinschaften und die kulturell dominierenden des Landes und der Erde favorisieren. Was bis heute langsam in Gang gesetzt wurde, ist die erhöhte Festigung einer indigenen Bewegung, die die homogenisierte Form der ökonomischen Globalisierung politisch und kulturell wiederherstellt. Dies müsste zu den Studien der Entwicklung und Kultur führen, um die Widerstandsformen zu verstehen und den Praktiken der Entkolonisierung der Lebenswelten der indigenen Bevölkerung gegenüber aufgeschlossen zu sein.

Literatur

Abarca, Geraldine 2002: Expectativas educativas de los Mapuche de Santiago de Chile. Tesis de Magister en EIB. PROEIB Andes

Aylwin, José 2003: El informe de la Comisión Verdad Histórica y Nuevo Trato y sus desafíos para el gobierno de Lagos. Temuco

Bacigalupo, Ana Mariella 1999: La voz del kultrum en la modernidad. Santiago. Ediciones UC de Chile

Bengoa, José 1999: Historia de un conflicto. El Estado y los mapuches en el siglo XX. Santiago. Ed. Planeta

Bengoa, José 2002: La invención de las minorias: las identidades étnicas en un mundo globalizado. En: Revista de la Academia 7. pp. 9-37

Brunner, José 1997: Globalización Cultural y Postmodernidad. Santiago. FCE

Cardoso de Moreira, Roberto 1993: La etnicidad y las posibilidades de la ética universal. En: Antropológica. pp. 20-33

Carrasco, Hugo 2002: El discurso público mapuche: procedimientos textuales identitarios. En: Revista Universum Nr. 17. pp. 11-27

CERC-UC Temuco-Instituto Indigena 1996: Actas del Encuentro: Qué futuro ofrecen al Pueblo Mapuche las actuales propuestas de desarollo. Santiago

Citarella, Luca 1995: Medicina y culturas en la Araucania. Santiago

Cortina, Adela 1999: Ciudadanos del Mundo: una teoría de la ciudadania. Madrid
Curivil, Ramón 1995: Los cambios culturales y los procesos de re-etnificación entre los mapuches urbanos. Tesis de Magister en Ciencias Sociales. Universidad Academia de Humanismo Cristiano. Santiago
Chiodi, F. & M. Bahamondes 2002: Una Escuela. Diferentes culturas. Santiago
Domingo, Agustin 2004: Ciudadania Multicultural y Pluralismo. En: Hermenéutica Intercultural. Revista de Filosofia. UCSH Nr. 13
Duran, Teresa 1995: Revisión de dos tesis para el desarollo mapuche. In: Tierra, Territorio y Desarollo Indigena. Instituto de Estudios Indígenas. Temuco. pp. 119-129
Durston, John 1993: Los pueblos indígenas y la modernidad. En: Revista de la Cepal. Nr. 51. pp. 89-100
Eguiguren, Juan Eduardo 1987: Relaciones Internacionales: una perspectiva antropológica. Santiago
Favre, Henry 1996: L'indigenisme. Paris
Foerster, Gunderman y Vergara 1953-1994: Instituciones mediadoras, legislación y movimiento indigena de DASIN a CONADE
Foerster, Gunderman y Vergara 2004: Más acá de la legalidad. La CONADI, la ley indígena y el pueblo mapuche. En: Revista Polis. Nr. 8. pp. 381-405
Foerster, Rolf 2001: Sociedad Mapuche y Sociedad Chilena: la deuda histórica. En: Revista Polis. Nr. 2
Fornet-Betancourt, Raúl 2004: Critica intercultural de la filosofía latinoamericana actual. Madrid
Guzmán, Eugenio (Ed.) 2003: La cuestión mapuche: aportes para el debate. Santiago
Instituto Libertad y Desarollo 2005: Evaluando el Programa Orígenes.
Instituto de Estudios Indígenas 2003: Los derechos de los pueblos indígenas en Chile.
Kusch, Rodolfo 1979: El pensamiento Indígena y Popular en América. Buenos Aires
Kymlicka, Will 1996: Ciudadanía Multicultural. Barcelona-Buenos Aires
Larrain, Felípe 2003: Comisión de Verdad Histórica y Nuevo Trato. Opinión de Minoría. En: Estudios Públicos. Nr. 92
Lander, Edgardo (comp.) 2003: La colonialidad del saber: eurocentrismo y ciencias sociales. Buenos Aires
Llanquinao, Hilda 1998: Carta abierta al Presidente de Chile.
Namuncura, Domingo Ralco 1999: Represa o pobreza? Santiago
Observatorio de derechos de los pueblos indígenas (ODPI) 2004: Los pueblos indígenas: esa parte negada de la realidad chilena.
Pinto, Jorge 2000: De la Inclusión a la exclusión. La formación del estado, la nación y el pueblo mapuche. Santiago
Ricoeur, Paul 2004: La memoria, la historia y el olvido. Buenos Aires

Saavedra, Pelaez Alejandro 2002: Los mapuches en la sociedad actual. Santiago
Salas, Ricardo 1997: El Etnodesarollo y los Pueblos Indígenas: exigencias éticas. En: Parker: Desarollo Humano, Ètica y Democracia. Santiago
Salas, Ricardo 2003: Ètica Intercultural (Re) Lecturas del pensamiento latinoamericano. Santiago
Salas, Ricardo 1999: Etno-desarollo y Modernidad en América Latina: pensando una ética y una política del reconocimiento. En: Estilos de Desarollo en América Latina: propósitos y olvidos. Temuco
Salas, Ricardo 2002: Religión étnica, modernización y procesos identitarios en América Latina. Un análisis sobre el conflicto inter-étnico en Araucanía (Chile). En: Revista Novamérica
Salas, Ricardo 1996: Les Sciences sociales face à l'univers religieux mapuche. En: Social Compass vol. 43 Nr. 3. pp. 367-390
Serrano, Enrique 1994: Legitimación y Racionalización. Barcelona
Stavenhagen, Rodolfo 2003: Informe del Relator especial sobre la situación de los derechos humanos y libertades fundamentales de los indígenas. Misión a Chile.
Tayler, Charles 1993: El Multiculteralismo y las políticas del reconocimiento. México
VVAA 2002: Informe de la Comisión Verdad Histórica y Nuevo Trato de los Pueblos Indígenas. Diario de la Nación.
VVAA 1995: Modernización o sabiduría en tierra mapuche? Santiago
VVAA 1998: Modernidad o Etnocidio en territorio mapuche. Instituto de Estudios Indígenas. Temuco
VVAA 2000: Pueblo Mapuche: Desarollo y Autogestión. Temuco
Weber, Max 1987: Economía y Sociedad. Esbozo de una sociología comprensiva. México

Die unumkehrbare Veränderung

Fidel Tubino

1. Die gescheiterte Moderne

Die Spannungen und interkulturellen Konflikte erreichen immer größere Ausmaße auf der nördlichen wie auf der südlichen Hemisphäre und stellen damit ein besorgniserregendes Zeichen der aktuellen Zeit dar. Diese Spannungen wurden zum großen Teil durch das Scheitern der Modernisierungsprozesse in den post-kolonialen Gesellschaften verursacht. Dafür gibt es viele Anzeichen: die wachsende Verarmung großer Teile der Dritten Welt; die Unfähigkeit der liberalen Demokratien, um die untergeordneten Kulturen sozial und politisch ins öffentliche Leben der Nationen zu integrieren; das Unvermögen der monokulturellen Staaten, auf die ethnischen Rückforderungen der nationalen Mehrheiten zu antworten; der Vormarsch der Armut; die Vermehrung der ethnischen und religiösen nicht-westlichen Fundamentalisten; das Wachstum der verschiedenen Ökonomien und die sozialen Erschütterungen, die soziale Asymmetrie, der irrationale Anstieg der Migrationsströme von der südlichen zur nördlichen Hemisphäre. Dies sind nur einige der vielen Anzeichen, die bei den Modernisierungsprozessen in der Dritten Welt keine hoffnungsvollen Effekte hervorgebracht haben.

Die Modernisierung in Lateinamerika scheitert, weil (unter anderen Einwänden), anstatt in den kulturellen Traditionen der Dörfer Wurzeln zu schlagen und diese wieder zu beleben, verlieren sie an Geltung und werden als Widerstände und Hindernisse für den sozialen Fortschritt eingeordnet. Doch die Kulturen sind weder Widerstände noch Hindernisse, sondern im Gegenteil, sie sind die Grundlage, auf der die Entwicklungsmodelle Wurzeln schlagen können, denn anderenfalls tragen sie nicht zur Verbesserung der inneren und interkulturellen Qualität des Zusammenlebens bei. Die Gesellschaften haben nicht eine, sondern mehrere Möglichkeiten, um sich zu entwickeln und es sind die Kulturen, die ihnen ihre Grundlage, ihre Besonderheit, ihre Spezifizierung auferlegen. Es gibt nicht nur ein Entwicklungsmodell, genauso wenig wie es nicht nur ein gültiges Modell gibt, um zu verstehen, was ein gutes Leben ist, um dem Sinn zur Arbeit oder zum Nichtstun, zum Leben und zum Tod zu begegnen. Die Kulturen passen sich „mit einigen Formen eines bedeutsamen Lebens trotz des gesamten Spektrums von menschlichen Aktivitäten (das soziale, erzieherische, wieder erschaffene religiöse und ökonomische Leben mit eingeschlossen) und einschließlich der öffentlichen und privaten Sphäre an ihre Mitglieder an."

Die Modernisierung versteht sich zweifellos als allein gültiges Modell für ein gutes Leben, welches erzeugt wird. Es handelt sich um ein Modell, das die Qualität des Lebens der Menschen ausschließlich an der Funktion der ökonomischen Indikatoren bemisst und den Besitz von Ressourcen und die Vermehrung der Konsumkapazität als letztes Ziel der Entwicklung aufstellt. Das ist ein Fehler, denn die Qualität des Lebens hängt nicht von dem Besitz von Ressourcen ab, sondern von ihrem Gebrauch, was wir aus ihnen herstellen; und der Gebrauch ist abhängig von den ethischen Bewertungen, d.h. von den Modellen für ein gutes Leben, die die Menschen in ihrem eigenen Leben zu realisieren versuchen. Das Problem der Modernisierung ist grundlegend ethnozentrisch, man erkennt es nicht als Wert an, sondern mehr als ein Modell des guten Lebens und der sozialen Entwicklung. Hieraus geht hervor, dass das moderne Projekt ein sich selbst homogenisierendes Projekt ist. Es ist ein Projekt, das man in den Sittenlehren und alternativen Bräuchen der Aufklärung findet, ein diverser Abglanz von primitiven oder barbarischen Formen des Zusammenlebens. So fördert man, indem das eigene kulturelle Angebot überbewertet wird und gleichzeitig die anderen Angebote für ein gutes Leben von anderen Kulturen abgewertet werden, gezwungene Prozesse der Akkulturierung, die als Konsequenz zu der Abschaltung des eigenen Charakteristischen und zur kulturellen Entwurzelung führen.

Darum, und das mit gutem Grund, wird die Modernisierung oftmals von außen her als symbolischer Angriff oder als ein zerstörender Prozess empfunden. Zusammenfassend können wir sagen, dass von der Ansicht der aufgeklärten Modernität, der Fortschritt gleichbedeutend mit Modernisierung ist, Modernisierung mit Verwestlichung und Verwestlichung mit kultureller Entwurzelung. Die Entwicklungstheorien und –programme, die sie in Lateinamerika versucht haben anzuwenden, sind ein bevorzugter Ausdruck von Modernisierungsprozessen und der Verwestlichung der Welt gewesen. Unlängst ist jedoch ein Diskurs über eine offene Entwicklung der nicht-westlichen Kulturen aufgetaucht. Dieser ist im Beginn, den grundlegend ethnozentrischen Diskurs beiseite zu drängen und für sich selbst die Wichtigkeit zu bagatellisieren, die die ethisch kulturellen Bezüge der sozialen Akteure besitzen, um erfolgreich zu sein.

Die wenig bedeutsame soziale Wirkung dieser Programme innerhalb globaler Grenzen ist der bestätigte Ausdruck des Scheiterns der Modernisierungsprozesse in Lateinamerika. Die Entwicklungsprogramme verstanden nicht, sich in ihren Kontexten der Vermittlung zu positionieren, sie spielten die Wichtigkeit der Kulturen herunter, erkannten ihre Veränderlichkeit als nicht wertvoll an, mit einem Wort, sie waren nicht interkulturell: sie sind daher ein Ausdruck und ein Teil einer verschütteten Verwestlichung, ja sogar ausdrücklich des Modernisierungsprojektes. Es ist so, dass sie gewachsene Kulturen waren und von ihren Ahnenorten im Namen des Fortschritts des Landes verwiesen wurden. Sie werden als Hindernisse für die Entwicklung abgewertet, weil sie keinen Platz im Projekt der Modernität haben: sie sind abergläubisch, primitiv, barbarisch oder bestenfalls Folklore.

Die Modernität auf der südlichen Hemisphäre scheitert, weil sie uns nicht annähernd an ihre Versprechen der sozialen Gerechtigkeit, der kulturellen Toleranz, der politischen Freiheit und der sozialen Solidarität gelangen lässt. Aber sie scheitert vor allem, weil das Vertiefen der Ungleichheiten im Namen der abstrakten Lehre der Gleichheit aller Menschen ein Klima kollektiver Abneigung und eine Kultur der Frustration erzeugt. Die Modernität ist ein unvollständiges Projekt, weil sie ihren vollkommenen Idealen im Konkreten widerspricht. Auf der einen Seite steht die egalitäre Würde auf dem juristischen Plan – die Gleichheit vor dem Gesetz – und andererseits gibt es ein Homogenisierungsmodell, welches die Ungleichheiten vertieft – es ist das gleiche Gesetz für alle. Es gestaltet die Verschiedenheit im Namen einer linguistischen und kulturellen Vereinheitlichung, die die soziale Vorherrschaft der Nationalität dominierend verstärkt. Es widerspricht seinen Angeboten von Gerechtigkeit zum Einrichten eines ökonomischen Basismodells in der Logik der Kapitalanhäufung. Diese Logik produziert notwendigerweise die Konzentration der Reichen und daher enorme sozial-ökonomische Asymmetrien, sie beschleunigt den Prozess der Besitzentäußerung und die Verarmung von denen, die zu unseren ursprünglichen Kulturen gehören, wächst.

Die Prozesse der Modernisierung haben in der südlichen Hemisphäre nie dagewesene asymmetrische Gesellschaften erzeugt, in denen sich die große Mehrheit in Bezug auf den absoluten Ausschluss von Beschäftigung in einem angemessenen Bürgertum verdammt vorfindet. Der moderne Staat hat hier eine fundamentale Rolle durch die Einführung von „Politik mit nationaler Konstruktion“ (die „national buildings“) erzeugt. Trotz dieser Konstruktion stellte der moderne Staat die nationale Identität der modernen Nationen durch die Unsichtbarmachung der ursprünglichen ethnischen Identitäten her. Es ist wahr, dass „die Modernisierung die Verbreitung einer allgemeinen Kultur in der gesamten Gesellschaft mit einschließt, eine einheitlich genormte Sprache beigefügt, die man in den ökonomischen, politischen und erzieherischen Institutionen gemeinsam anwendet.“ Es ist auch wahr, dass die Erstellung von einer „gemeinsamen Kultur“ für die städtischen Mitglieder einer Staatsnation selbst „eine funktionelle Forderung der modernen Ökonomie“ ist. Aber es ist auch korrekt, dass es „die gemeinsame Kultur“, die sich so herausbildet, nicht gibt. Die vorherrschende Kultur dehnt sich aus und wird zum sozialen Ganzen und zur freien Sprache, d.h. die einzige Sprache mit öffentlich anerkannten Funktionen für den Staat ist die dominierende Sprache der Nationalität. Auf diese Art bleiben die ursprünglichen Sprachen und Kulturen mit der Modernisierung im privaten Rahmen eingeschlossen und wandeln sich in Gesellschaftskulturen frei von sozialer und jenseits von lokaler Funktion um. Diese Einschließung bedroht ernstlich ihr Überleben, denn es heißt, dass „einer der Gründe, warum es unwahrscheinlich ist, dass die Sprachen, die keinen öffentlichen Status erreichen, überleben könnten, ist, dass die Leute die Gelegenheit oder den Ansporn, um sie zu benutzen, nicht haben und sie sich zu einer Art kognitiven Anreiz entwickeln.“

Es ist deshalb nicht übertrieben zu behaupten, dass das Modernisierungsprojekt und die soziale Entwicklung des Fortschritts ein Potential kultureller Intoleranz enthält, das präzise sichtbar ist. In unserem Fall ist dieses noch immer sehr dringend, weil in unseren Ländern nicht nur die modernen nationalen Staaten die untergeordneten Kulturen unsichtbar machen und die kulturelle Homogenisierung fördern: dabei gibt es fremde Beihilfe von den Institutionen der Zivilgesellschaft – Privatschulen, Universitäten, Kirchen, usw. – und von den politischen Parteien.

Die Erfahrung des Scheiterns der Modernisierungsprozesse in der Dritten Welt haben grundlegende Reaktionen hervorgerufen, die pauschal das Gesellschaftsprojekt der Modernität ablehnen, denn sie sehen in ihm mit verständlichem Grund eine verdeckte Strategie der Verwestlichung, die die nicht-westlichen Kulturen unterordnet und im Namen von absoluten moralischen Prinzipien veräußert, die den kulturellen Angriff rechtfertigen und die ursprünglichen Dörfer verarmen lassen. Gegenüber diesem Angriff sind die Antworten vielseitig. Jeden Tag zeigen sich neue und unvermutete Formen und **Strategien vom kulturellen Überleben** und von der Geheimhaltung ihrer selbst, die den Personen der untergeordneten Kulturen erlauben, offen gesagt, in feindlichen Kontexten weiter zu bestehen. Es haben sich auch die **Strategien vom kulturellen Widerstand** vervielfältigt mit der die sozialen Gemeinschaften auf die kulturelle Aggression reagieren, sich auf gefährliche Weise über eine idealisierte Vergangenheit, die nie existiert hat, die es aber mit viel gemeinschaftlicher Vorstellungskraft bei den Ausgeschlossenen gibt, im Widerstand einsperren. So treten immer stärker die ethnischen und religiösen nicht-westlichen Fundamentalisten auf, die nicht bereit sind, sich mit einer Modernität zu einigen, die im Namen großer Ideale, denen sich die ursprünglichen Dörfer seit Beginn der Verhandlungen unterwerfen, handelt.

Es ist nicht zufällig, dass der Diskurs über die Interkulturalität als ethisch politisches Projekt zum Vorschein gekommen ist und direkt an die Kriege der Ausgeschlossenen wegen der Anerkennung ihrer Rechte gebunden ist. In Lateinamerika erschien die Fremdenfeindlichkeit und die Diskriminierung der Migranten aus Maghreb und aus Lateinamerika mit einer direkten Verbindung mit der Forderung von zweisprachig interkultureller Ausbildung für die indigenen Dörfer, währenddessen in Europa eine Verbindung zur Behandlung des rassistischen Problems auftrat.

1.1 Die Modernität: Projekt ohne Veränderlichkeit

Das große Problem der Modernität gegenüber den ursprünglichen Traditionen ist, dass es ein geschlossenes eingekapseltes Projekt ist, mit einem Wort, ein Projekt, welches nicht die Veränderlichkeit als wertvoll anerkennt. Das „Andere“ wurde eingeschlossen oder beseitigt. Die Modernität ist ein Kolonisierungsprojekt: das „Andere“ muss, so wie es ist, verlassen werden und sich in das verwandeln, was wir sind, d.h. seine Option ist, sich zu akkulturieren. Und wenn man im Namen seiner kulturellen Zugehörigkeit Widerstand leistet, wird der gleiche Fakt außerhalb des Gesetzes angesehen und man wird konsequent als rebellisch bezeichnet und deshalb hält man sich an die Konsequenzen, die diese Typisierung mit sich bringt.

Die moderne Kultur hat sich selbst zu einer universellen Kultur errichtet und die Kulturen der Anderen durchströmen sie als Hindernisse, die es notwendig machen, sie zu entwurzeln, um die instrumentelle Vernunft zu globalisieren, ihnen den Fortschritt zu bringen, den wir durch sie empfunden haben. Im Namen der Aufklärung reduzieren wir das „Andere" zu der Kategorie „minderwertig". Das Andere ist nicht ein „Du bist etwas". Es ist kein angesehener Gesprächspartner: um so zu sein, muss auf das Selbst verzichtet werden, sich als das Modernisierungsprojekt aufgefasst werden; auf seinen moralischen Horizont muss verzichtet werden, sein Ethos muss entwurzelt werden und sein Dasein muss verlassen werden.

Paradox ist jedoch, dass die Modernisierung die aufgeklärten Ideale von der Gleichheit, der Freiheit und universellen Solidarität als inspirierende Ideale des Sozialprojektes aufstellte, die in Gang gesetzt wurden. Die bedingungslose Achtung der Würde des Anderen als „ein Ende in sich selbst" war und ist die moralische Forderung der Aufklärung. Die Behauptung von den unveräußerlichen Rechten der Person als Subjekt und von kulturellen Differenzen weit entfernt, ist das normative Prinzip der aufgeklärten Utopie. Die universale Anerkennung der zivilen und politischen Rechte als verknüpfte Attribute mit der menschlichen Natur, unabhängig von den kulturellen Möglichkeiten und der Verschiedenartigkeit der Glaubensüberzeugungen, ist das ethische Gebot des Modernisierungsprojektes. Es rechtfertigt sich trotzdem im Namen der Toleranz und der Achtung der Unterschiede und rechtfertigt eine kulturelle nie dagewesene Intoleranz, die man im Namen der menschlichen Würde überstürzte und wodurch die Menschenrechte der Anderen, der Barbaren, die, die nicht wie wir, sondern anders sind, angegriffen werden. Schon im 18. Jahrhundert zeichnete Goya auf geniale Art und Weise die Selbst-Rechtfertigung der Barbarei im Namen der Vernunft als die napoleonischen Truppen Spanien überfielen, um die Ideale der Aufklärung auf die Iberische Halbinsel zu bringen. Goya war Zeuge der Grausamkeit, die die napoleonischen Truppen auf die spanischen Gebiete aussäten. „Ich sah es", sagte uns Goya: „die Träume von der Vernunft erzeugten Ungeheuer". Und diese Ungeheuer der Vernunft sind die, die er graviert hat, um die Grausamkeit der Vernunft und die Herabsetzung der menschlichen Würde zu demaskieren, die dieses Vorhaben mit sich bringt. Dies ist das große Paradox des Aufklärungsprojektes: dass man im Namen der universalen Würde, die Würde der Anderen herabsetzt, im Namen der Freiheit das Andersartige unterwirft und im Namen der Gleichheit die Verschiedenartigkeit homogenisiert und zur Musterung und zur gezwungenen Angleichung von diesen übergeht, die von unterschiedlichen Kulturen und Ethiken stammen.

Der aufklärerische Diskurs hat und wird noch unüberwindliche Widersprüche erzeugen, solange wie er in sich selbst geschlossen bleibt. Es ist ein selbst nachsichtiger (milder) Diskurs, der dies nachweist wie auch verneint und der Teil der

Abwertung a priori von den anderen Zweckmäßigkeiten und von jeder anderen alternativen Weltanschauung ist. So wird zum Beispiel die Natur als eine unerschöpfliche Quelle des Reichtums (der Ergiebigkeit) vom Modernisierungsprojekt aus bewertet. Daher, berücksichtigt man alle anderen Konzeptionen der Natur, die sie als heilige Mutter ansehen, mit der sie ehrfurchtsvoll in Beziehung treten, was vorhanden ist, sollten sie den Aberglauben berücksichtigen, der notwendig ist, um die Modernisierungsmacht der archaischen Gesellschaften zu berücksichtigen. Gibt es keine Veränderlichkeit, gibt es auch keine Toleranz. Der Diskurs der Modernität ist ein selbstbezüglicher Diskurs: er ist ein geschlossener Diskurs.

Ich glaube daher nicht, dass das Modernisierungsprojekt ein Projekt wäre, dass es gibt und dass ohne Umstände zu verwerfen ist. Das, was zu tun ist, ist, seine Ideale zurücknehmen, nicht um es zu unrecht zu rechtfertigen, sondern um die Wahrheit herauszufinden. Die Demaskierung der internen Widersprüche der Aufklärung muss uns nicht pauschal zu einem Rückschlag von der Modernisierung des sozialen Lebens führen. Zwischen Tradition und Moderne gibt es keinen notwendigen Widerspruch. Das Modernisierungsprojekt hat ebenfalls in diesen Gesellschaften funktioniert, wo es als Teil eines langen und komplexen historischen Prozesses auftauchte. Die Modernisierung hat bewirkt, dass bessere Niveaus sozialer Gleichheit und politischer Freiheit in diesen Gesellschaften erzeugt wurden, wo man einen Teil der eigenen Traditionen entspringen ließ. Das Problem ist, wenn es sich um seine Einführung handelt, dass die sozialen Traditionen damit vollständig eliminiert werden und sie nicht in ihm Wurzeln schlagen können. So nähert sich uns damit in Lateinamerika die soziale Modernisierung den moralischen Idealen, die sie anregten, dass unsere ursprünglichen Kulturen unkultiviert sein müssen, um in den lokalen Ethiken und in den traditionellen Formen des solidarischen Zusammenlebens unserer Dörfer Wurzeln schlagen zu können.

Die Erschöpfung der aufklärerischen Kultur und die Demaskierung des modernen Projektes führen leicht zu einem zerstörerischen Nihilismus und parallel zu einem Post-Modernismus. Die Post-Moderne lehrt uns, dass sie die Modernität als Kultur- und Sozialprojekt ist. Sie ist die Modernität, die auf sich selbst reflektiert, das selbst-reflektierende Moment des modernen Projekts. Und von daher hat sie ihren Reichtum, aber auch ihre Begrenzung. Ihren Reichtum deshalb, weil sie uns erlaubt, einen Ausgleich von den Gewinnen und Problemen, die sie erzeugt, vorzunehmen. Aber auch ihre Grenzen, weil sie nichts hervorbringt. Uns erlaubt sie die konzeptionelle Unbeständigkeit der großen Meta-Ziele der Universalgeschichte zu rekonstruieren und ihre historisch zerbrechliche Funktion zu entlarven, die die sozialen Utopien der Aufklärung vollzogen haben. Aber, so wie es nicht auf ihre Art zweckdienlich ist, so geschieht nichts und wird nichts verändert, lässt sie uns den Blick mit Nostalgie in die vor-aufgeklärte Vergangenheit zurückkehren, um in dieser die Formen des alternativen Zusammenlebens zu den modernen anzutreffen. Und so verwandeln wir uns von den Post-Modernen zu den Traditionalisten. Die Traditionsgebundenheit ist der Götzendienst der Traditionen. Das Problem ist, dass, um sie zu sakralisieren, versteinert man sie und auf diese Art entzieht man ihr die innovative Kapazität.

Das Projekt der Moderne muss, um Gültigkeit und Legitimität zu erlangen, Wurzeln geschlagen haben und radikalisiert sein. Dafür gilt es zu beginnen, den geschlossenen Diskurs und den Narzißmus zu lösen, den sie mit einem hermeneutischen Schlüssel formuliert und in einen Horizont der geöffneten Diskurse und in den Dialog zwischen den Kulturen zu übersetzen.

2. Was kann man von der Modernität erwarten?

Zweifellos glaube ich, dass die Modernität nicht ein Projekt ist, das durch die undurchführbare Zusammenhangslosigkeit hätte verlassen oder verzögert werden müssen, die zwischen der Theorie und der Praxis erzeugt wurde, zwischen dem, was vorgeschlagen und dem, was realisiert ist. Die Modernität, so trifft es Habermas richtig, besitzt ein selbstkritisches Potential, das ihr erlaubt, ihre eigenen Zusammenhangslosigkeiten zu identifizieren und auf den Weg ihrer Überwindung zu gelangen. Anstatt auf die Ideale der Aufklärung zu verzichten, sollte man lernen, sie umzusetzen, anstatt auf die Demokratie als Organisationsform des Zusammenlebens und der Machtsteuerung zu verzichten, sollte sie radikalisiert werden.

In diesem Moment ist es sehr günstig, sich an die Position von Habermas gegenüber der Modernität zu erinnern. Zutreffend steht fest, dass „statt auf die Modernität und auf ihr Projekt wie auf eine verlorene Sache zu verzichten, müssten wir aus Fehlern dieser extravaganten Programme lernen, die versucht haben, die Modernität zu verneinen." So scheint es, dass man sich auf diese post-modernen Optionen so beziehen würde, sie im Namen des kulturellen Relativismus von den Traditionen zu sakralisieren und bedingungslose Achtung den Unterschieden gegenüber vorzubringen. Diese Positionen sind die neuen Gesichter des anti-modernen Konservatismus, der die nostalgische Rückkehr zu den uralten Traditionen der vormodernen Welt vorbringt. Der gegen die Moderne gerichtete Konservatismus ist Teil einer strukturellen Verwirrung: Tradition wird mit dem Festhalten an den alten Sitten vermischt. Die Traditionsgebundenheit lässt die Traditionen zu Stein werden, verwandelt sie in Idole und in diesem Sinne werden sie entartet. Die Traditionsgebundenheit tötet die belebende Macht der Traditionen, kehrt Sachen, Ziele des Kultes um. Die Traditionen im Gegensatz dazu enthalten die Ursprünge der Innovation, sie kennzeichnen die Art (Beschaffenheit) der Veränderung, die Seele der Entwicklung und das Aufblühen der Kulturen.

Anstelle die Seite des Projektes der Modernität zu verlassen, die wir neu beleben müssen, müssen wir sie mit der Weisheit der täglichen Praxis verbinden, müssen wir homogenisierende Röhren zwischen dem Ethos der Dörfer und dem Wissen der Experten erzeugen. So fügt Habermas deshalb hinzu, „die Lebenswelt muss sich Raum für Entwicklung schaffen, auch wenn die Institutionen selbst, der internen Dynamik Grenzen stellen und die Zwänge eines ökonomischen Systems sich verselbständigen und ihre administrativen Bestimmungen Grenzen bedeuten. Das soll heißen, dass anstatt die öffentliche Funktionalität der uralten Institutionen der traditionellen Gesellschaften zu deaktivieren und zu entziehen, müsste man sie stärken, um ihnen Grenzen entsprechend der Logik des ökonomischen Systems aufzustellen und ihre Institutionen zu bestätigen. Dieses aufgeworfene Problem von Habermas ist theoretisch richtig, aber in der Praxis mit den aktuellen Konditionen undurchführbar. Man glaubt z.B. bei dem Folgenden, dass der Tauschhandel, der den traditionellen Gesellschaften eigen ist, mit der freien Marktwirtschaft der modernen Gesellschaften zusammenstößt: der Tauschhandel wird vernichtet und kann auf keine andere Art existieren. Von wo aus stellt sich ihm eine logische Grenze von der Kapitalanhäufung, ist es die, die die Modernität verzerrt und der Vergeltung mit ihren Ansprüchen widerspricht? Auf der Ebene der Tatsachen sind die Grenzen dieser widernatürlichen Logik durch das Umweltbewusstsein und die interkulturelle Toleranz an zweite Stelle gerückt. An erster Stelle steht das Vorantreiben der ökologischen Bewegungen und die internationale Gesetzgebung vom Schutz der Umwelt, die der übermäßigen Gewinnsucht Grenzen auferlegt. An zweiter Stelle steht das Vorantreiben der indigenen Bewegungen, ihre uralten Territorien und die international gültige Gesetzgebung über die Rechte der indigenen Völker zu verteidigen. Beide sozialen Bewegungen führen wichtige Grenzen ein, z.B. die unvernünftige Ausbeutung der natürlichen Ressourcen und der unterstützte Rücklauf der sozialen Entwicklung.

Aber die gesetzlichen Barrieren der Kapitalanhäufung sind nicht ausreichend, weil das Problem nicht nur legal ist, es ist vor allem ein Problem der Mentalität. Der besitzanzeigende Individualismus ist eine höchst funktionale Denkweise, die auf der globalen Ökonomie mit einer unbeschränkten Kompetenz und der Anhäufung von Reichtum basiert. Vielleicht ist diese Mentalität weiterhin gültig, doch die gesetzlichen Barrieren werden keine soziale Legitimität haben. Es ist daher dringend notwendig, eine Kultur der Solidarität und der interkulturellen Toleranz zu erzeugen, die es in der existierenden Normalität erlaubt, zu legitimieren und Neuerungen einzuführen.

Diese „neue Kultur“ der Solidarität und der sozialen Verantwortung, die gerade auftaucht, muss interkulturell sein, d.h., sich neuen Formen der Organisation des täglichen Lebens öffnen, die in anderen Kontexten sehr alte Praktiken sind. Ich beziehe mich zum Beispiel auf die Aufwertung der Ahnenpraktiken der andinen Gemeinschaftssolidarität, z.B. der Ayni oder Minka, zu wirklichen traditionellen Praktiken der Rechtsprechung auf kommunaler Ebene.

Die Grenzen des Rechtspluralismus

Die Anerkennung des Rechtspluralismus ist keine Art, um das „offizielle Perú“ durch das „tiefe (grundlegende) Perú“ zu ersetzen. Das, was versucht wird, ist die staatliche Verwaltung mit der traditionellen Verwaltung auf gerechte Art und Weise zu vervollständigen. Trotzdem, der Punkt ist nicht leicht, denn sie gehen kulturell von sehr unterschiedlichen Konzeptionen der Gerechtigkeit aus. So versteht man in den traditionellen Weltanschauungen die Gerechtigkeit grundlegend als „Wiedergutmachung“ der natürlichen Harmonie. Und man versucht zu reparieren, wo die natürliche Ordnung der Dinge gestört ist. Darin besteht die Quelle des „Schadens“, der durch eine einzige Handlung, dargestellt in der Trance des Schamanen, nicht unterbrochen ist, sondern der sich in einer endlosen Kette reproduziert. Nur die Anwendung der Gerechtigkeit stellt die natürliche Harmonie dar.

Auf der anderen Seite ist das Konzept der „verteilenden Gerechtigkeit“ als „Gleichheit von Chancen“ für alle, ohne Unterscheidung von Geschlecht und Abstammung praktisch nicht existent. Denn die traditionellen Gesellschaften sind Kollektive innerhalb denen, wo die Ausübung von Rechten nicht für alle gleich ist. Sie sind hierarchische Gesellschaften, die z.B. die Gleichheit der Rechte des Mannes und der Frau nicht dulden.

Hinsichtlich des Sanktionierungsregimes sind die Zusammenstöße zwischen dem offiziellen Recht und dem Gewohnheitsrecht noch größer. Das ist der Fall bei der Körperverletzung, wie zum Beispiel das Auspeitschen auf einem öffentlichen Platz. Dies ist eine gewohnheitsmäßige Praxis in der andinen Region, die sich zu einer großen Effektivität bekennt. Die Frage, die unvermeidlich folgt, ist, was muss getan werden, wenn es zwischen dem offiziellen Recht und dem Gewohnheitsrecht einen Zusammenstoß gibt? Man kann weder das offizielle Recht nicht anwenden noch das Gewohnheitsrecht ignorieren. Mit anderen Worten, man wendet das Gesetz des Staates an und man berücksichtigt das Gewohnheitsrecht als Element, das die Sanktion abschwächt, d.h. als „kulturellen Fehler“. Diese Formel ist grundlegend unbefriedigend als Lösung des Problems beim Zusammenstoß von Rechten, weil das Gewohnheitsrecht kein kultureller Fehler ist.

Es handelt sich mit anderen Worten um den Beginn des Erörterns der Rationalisierung des täglichen Lebens, die das Projekt der Modernität erzeugt hat und die ihm Platz für die gemeinschaftlichen Formen des sozialen Zusammenlebens gibt, die das Modernisierungsprojekt nicht kennt. Es handelt sich darum, dass man „lernt“, die Ideale und die Institutionalität der aufgeklärten Modernität von den lebendigen Traditionen unserer Dörfer „wiederzubeschaffen“. Dies ist der notwendige Ausgangspunkt, um zur Rekonstruktion der Institutionalisierung überzugehen, die die Modernität sowohl in den ökonomischen Bereich als auch im politischen und administrativen Bereich erzeugt.

Das Scheitern der prämodernen Programme, die versuchten, die moderne Kultur zu verneinen, hat ein Klima der Frustration erzeugt, das das Wiederaufleben von neuen Formen der neokonservativen Gegenmoderne schürt. Dies ist z.B. der Fall des post-modernen Relativismus von beispielsweise Fernando de Trazignies in Perú, der versucht, die Politik von jeglichen Arten der moralisch-praktischen Forderung der Rechtfertigung zu befreien. In der Postmoderne zerstört man das Modernisierungsprojekt und „als Stellvertreter skizziert man die Traditionen, die sich ohne Zweifel für befreit von den Forderungen der normativen Rechtfertigung und Rechtsgültigkeit halten." Sowohl die Vormoderne als auch die Postmoderne, beide sind neo-konservative Optionen, die gerade nichts von der Modernität gelernt haben. Vielmehr glaube ich, dass wir die moderne Demokratie radikalisieren müssen, um sie von unseren Kulturen und von unseren eigenen Weltanschauungen wieder zu erschaffen und sie so Wurzeln schlagen lassen.

3. Die Interkulturalität als Projekt und Antwort

In seinem Werk „Das Zeitalter der Information – Ökonomie, Gesellschaft und Kultur" macht Manuel Castell eine naheliegende Unterscheidung zwischen den legitimierenden Identitäten, den Identitäten des Widerstandes und den Projektidentitäten. Es handelt sich nicht um feste und unveränderliche Typen, denn eine soziale Gruppe kann als Identität des Widerstandes beginnen, sich dann in eine Projektidentität verwandeln und sich in einer legitimierenden Identität fühlend, enden. Um diese Identitätsdynamiken zu verstehen, klären wir den Sinn dieser Taxonomie auf. In der Sprache Castells sind die **legitimierenden Identitäten** diese, die durch die dominierenden Institutionen der Gesellschaft verursacht werden – z.B. die öffentliche Schule, die Kirchen oder die Kommunikationsmittel der breiten Masse - , um ihre Dominanz zu verbreiten und zu rationalisieren. Sie sind gemeinschaftliche Identifizierungen, die deshalb, offen gesagt, eine ideologische Funktion ausführen, denn sie sind funktionell, damit die festen Machtbeziehungen zwischen der vorherrschenden Kultur und den untergeordneten Kulturen wieder hergestellt werden.

An zweiter Stelle stehen die **Identitäten des Widerstandes**, die „durch diese Akteure erzeugt werden, die sich in abgewerteten oder gebrandmarkten Positionen befinden und Bedingungen aufgrund der Logik der Herrschaft treffen, die durch die Gräben des Widerstandes und des Überlebens konstituiert werden, basierend auf unterschiedlichen Prinzipien oder entgegengesetzt denen, die die Institutionen der Gesellschaft schützen." Das ist z.B. der Fall bei vielen indigenen sozialen Bewegungen, die sich in ihrer Anfangsphase als kollektive Antwort gegenüber dem Scheitern der Modernisierungsangebote, des ökonomischen Liberalismus und den repräsentativen Demokratien konstituiert haben.

Die **Projektidentitäten** erscheinen „als die sozialen Akteure, die auf kulturellem Gut basieren, indem sie es beziehen, schaffen sie eine neue Identität, die ihre Position in der Gesellschaft redefiniert und um sie zu verwirklichen, suchen sie die Transformation der gesamten Sozialstruktur".

Die Interkulturalität als ethisch-politisches Projekt alternativ zu den ethnischen Fundamentalisten und zu dem Scheitern der Modernität in der Dritten Welt hat sich als ein Identitätsprojekt herausgebildet, das nicht nur versucht, als Notbehelf zu den sozialen Konflikten zu stehen, sondern allmählich eine Umwandlung der systematischen Strukturen, die vorhanden sind, und der sozialen Strukturen der asymmetrischen Gesellschaften herbeizuführen, die die Ausübung der anerkannten Rechte bei den untergeordneten Mehrheiten verhindern würden.

Die Interkulturalität als ethisch-politisches Angebot ist gegenüber der westlichen Modernisierung beständig und gleichzeitig ein Projekt der Radikalisierung der Demokratie: als Identität des Widerstandes fördert sie die Aufwertung der gering geschätzten Identitäten, aber ohne ihre Einkapselung in eine idealisierte Vergangenheit zu fördern. Aber als Projektidentität versucht sie, grundlegende Veränderungen durch die angemessene Benutzung der öffentlichen Räume der sozialen Beschlussfassung von den liberalen Demokratien hervor zu bringen, um die symbolische Gewalt sichtbar zu machen, die in unseren asymmetrischen Gesellschaften andauert. Man muss die im Verborgenen liegenden Zwänge sichtbar machen, um zu verhindern, dass sich Wellen offenbaren und – durch die politische Ausübung eine Art kollektiven Willen gegenüber den verteilten Sackgassen ausüben – zweckmäßige Lösungen suchen, die die Entfesselung von voraussichtlich heftigen Zusammenstößen verhindern und an ihrer Stelle genaue Situationen und soziale Symmetrien erzeugen. Man braucht nicht zu hoffen, dass die verborgenen Zwänge sich offenbaren würden, damit man beginnen kann, auf sie zu reagieren. Es ist möglich und mehr noch notwendig, die verborgenen Konflikte sichtbar zu machen, um sie im günstigen Moment und auf angemessene Art und Weise zu beachten.

Die Interkulturalität als ethisch-politisches Projekt ist gerade dies: eine Art, die vernünftige Behandlung von den verborgenen Zwängen, die schon vorhanden sind, in unseren Gesellschaften einzuleiten. Mit diesen Worten können wir sagen, dass sich die Interkulturalität in den ethischen und politischen Termini als **eine Option für den „positiven Frieden"** definiert.

4. Die Aufgaben der interkulturellen Demokratien

Die interkulturellen Demokratien haben als erste Aufgabe die öffentlichen Räume der politischen Debatte kulturell zu entkolonisieren. Die öffentlichen Räume der demokratischen Debatte müssen kulturell und einige auch sozial eingeschlossen werden. Aber die öffentliche Debatte muss sich auf die kulturellen Probleme der Gerechtigkeit und die Probleme der verteilenden Gerechtigkeit der Menschen konzentrieren. Denn die kulturelle Ungerechtigkeit ist das andere Gesicht der verteilenden Ungerechtigkeit und die kulturelle Asymmetrie ist das andere Gesicht der sozial-ökonomischen Asymmetrie. Der bürokratische Apparat des Staates muss ein wirksames Instrument und leistungsfähig sein, um die sozialen wohlüberlegten Übereinstimmungen in den öffentlichen Sphären der Gesellschaft durchzuführen. In einer wirklichen Demokratie muss die administrative Macht des Staates zur Dienstleistung der „mitteilsamen Macht" der Zivilgesellschaft werden und nicht umgekehrt. Die demokratische Institutionalisierung zu kräftigen, kommt notwendig durch die Stärkung der Institutionen der Zivilgesellschaft und auf diese spezielle Art durch die transparente Ausübung der Macht.

Der moderne Nationalstaat hat nie die eingeschlossene Demokratie ausgeübt. Die nationalen Kulturen, die die verschiedenen Dörfer in einem gemeinsamen nationalen Projekt zusammenhielten, haben sie ohne die Kulturen der dominanten Bereiche der Gesellschaft zusammengehalten. In den lateinamerikanischen Gesellschaften sind die städtischen Kulturen castellano-sprechende in ihren verschiedenen Ausführungen gewesen, die –auf den Rang der nationalen Kulturen hoch gehoben – sich zu den untergeordneten Kulturen ausbreiteten und die Grundlagen der nationalen Identitäten errichteten. Der Ausschluss von den ursprünglichen Kulturen der nationalen Projekte hat sich durch die Theorie der kulturellen Rassenkreuzung darüber hinweggesetzt: die nationale Identität wurde als Ergebnis einer Synthese zwischen dem Indigenen und dem Spanischen präsentiert. Eine Synthese, die nie hervorgerufen wurde und die vielmehr dazu diente, die kulturelle Ungerechtigkeit und die soziale Asymmetrie unsichtbar zu machen.

Ein interkulturelles Gesellschaftsprojekt schließt anfangs die Ausgeschlossenen der nationalen Identität ein, um die modernen Demokratien stärker ethnozentrisch und elitär zu errichten. Was die öffentlichen Räume der Zivilgesellschaften angeht, so sind das Räume, die in der kulturellen Verschiedenartigkeit die Pluralität von Zweckmäßigkeiten vereinigten. Dies ist die realisierbare Utopie der interkulturellen Politik, das Ziel der interkulturellen Erziehung.

4.1 Gegen eine interkulturelle Agenda

In asymmetrischen Gesellschaften wie in der unsrigen ist der Dialog zwischen den Kulturen keine spürbare Realität, sondern noch eine Wunschvorstellung. Und das deshalb, weil der Dialog eine Art Beziehung darstellt, die drei Bedingungen voraussetzt, wobei nicht eine von den anderen getrennt werden darf, und zwar: Symmetrie zwischen den verschiedenen Teilen, Wechselseitigkeit innerhalb der Verbindung und Abwesenheit von Zwang. Bei den Bedingungen von ökonomischer, sozialer und politischer Asymmetrie sind die Möglichkeiten vom kulturell positiven Zusammentreffen sehr gering. Es stimmt nicht, dass ihr sporadisches Erscheinen unmöglich wäre; aber es zu versuchen, ist das Gleiche wie gegen den Strom zu schwimmen. Deshalb glauben wir, dass es vernünftig ist, bevor ein Dialog geführt werden kann, sollte man versuchen, die

Bedingungen für einen Dialog zu schaffen. Das würde mit anderen Worten heißen, dass „...man mit dem Dialog nicht zu beginnen braucht, sondern mit der Frage nach den Bedingungen des Dialogs. Oder jetzt, mit großer Genauigkeit gesagt, muss man verlangen, dass man den Dialog der Kulturen über ökonomische, politische, militärische Faktoren aufnimmt, die gegenwärtig den aufrichtigen Austausch zwischen den Kulturen der Menschlichkeit bedingen. Diese Forderung ist heute unumgänglich, um nicht in eine Ideologie von einem unzusammenhängenden Dialog zu verfallen, die nur die Interessen der dominierenden Zivilisation begünstigen würde, um nicht die Machtasymmetrie zu berücksichtigen, die heute in der Welt regiert."

Die notwendigen Bedingungen, damit der Dialog zwischen den Kulturen auf makro- und mikrosozialem Niveau in einer asymmetrischen Gesellschaft wie in der unsrigen hergestellt werden kann, sind:

a) Die Schaffung von öffentlichen Sphären, die die Verschiedenartigkeit einschließen. Die erste Aufgabe besteht darin, zu erreichen, dass die „Kulturen der Nacht" die Morgendämmerung durchdringen und sich – in den städtischen Räumen – zu „Kulturen des Tages" verwandeln. Wir müssen das Verstecken der ursprünglichen Kulturen beenden und erwirken, dass die Quechua und die Aymara die öffentlichen Funktionen wiederbekommen. Man muss zu einer öffentlichen interkulturellen Rationalität fortschreiten: denn es ist richtig zu erkennen, dass es nicht eine, sondern viele Formen von politischer Unterscheidung und von kultureller Differenzierung gibt.
b) Politisch integrierte Parteien schaffen.
c) **Multikulturelle Staaten**; jenseits des Modells der homogenisierenden Staatsnation stellt sich wieder die Frage: a) der Grundstruktur und b) vom Sinn des Staates gegenüber der Zivilgesellschaft. Was die „Grundstruktur" angeht, so ist es notwendig sich daran zu erinnern, dass es nicht nur eine einzige Form des multikulturellen Staates für die verschiedenen Kontexte gibt. An zweiter Stelle, dass der Föderalismus für sich allein die ererbten Probleme der Kolonialgesellschaften auflöst und **dass es notwendig ist, das Paradigma des nationalistischen Föderalismus zu verlassen und mit kritischer Haltung die neuen Vorschläge zu überprüfen: „pluralistischer Föderalismus", autonome Municipios ....** In unserem Falle glaube ich, dass man die Dezentralisierung nicht nur mit administrativen oder politischen Worten als Frage wieder aufwerfen muss, sondern auch in kulturellem Zusammenhang: die soziale Funktion der hegemonialen Kultur muss zu den untergeordneten Kulturen entflochten werden.
d) Eine politisch öffentliche interkulturelle Kultur – die auf dem interkulturellen Dialog basiert – von den Kulturen auf der Grundlage der Zivilgesellschaft errichten.

Ich glaube, dass die aufklärerische Konzeption des Bürgertums die ist, die der Grundlage der Erziehungsprogramme mit Recht begegnet, die von den Nationalstaaten oder von Nichtregierungsverbänden realisiert werden. Ich glaube, dass dieses Konzept eine Funktion von Sozialkritik erfüllte, die im Schoß der hierarchischen Gesellschaften des 18. Jahrhunderts sehr hervorgehoben wurde. Trotzdem, gegenwärtig spielt sie eine ambivalente und zweideutige Rolle. Man benutzt sie oft, um die Zusammenstöße der Diktaturen zu kritisieren wie die Anwendung von Gewalt und die Zusammenstöße des Imperiums zu legitimieren.

Das aufklärerische Konzept des Bürgertums ist ein deutlich eurozentrisches Konzept ohne historisches Bewusstsein, welches es aber braucht, um sich zurück beziehen zu können, um ihr kritisches Potential wiederzuerlangen.

Die aufklärerische Theorie des Bürgertums war ein theoretischer und praktischer Beitrag, der in ihrem Ursprungskontext sehr wichtig war. Trotzdem glaube ich, dass sie sich gegenwärtig als eine überholte Theorie herausstellt, die eben deswegen ernsthafte theoretische und praktische Probleme beherbergt, die uns verpflichten, sie zu überprüfen. Nicht, um sie abzulehnen, sondern, um sie „umzuarbeiten". Wir können nicht mit den gedachten Kategorien des 18. Jahrhunderts in das 21. Jahrhundert folgen. Im Großen und Ganzen können wir sagen, dass das 19. Jahrhundert ein Jahrhundert von „historischem Bewusstsein" war und dass das 20. Jahrhundert das Jahrhundert von dem Bewusstsein der Kontextzugehörigkeit war. Die Theorie des Bürgertums auf dem Laufenden halten oder umarbeiten, bedeutet unser Konzept des Bürgertums zu „historisieren" und im Zusammenhang zu sehen, d.h. es zu pluralisieren, es mannigfaltig zu gestalten.

5. Die vermeidbaren Kompromisse des interkulturellen Diskurses

a) Zwischen dem vor-modernen Indigenismus und der Interkulturalität

Die Rückforderung der indianisch ethnischen Identitäten führt oft zu einem wiederbelebten Indigenismus, der die Rückkehr zu einer idealisierten vor-kolonialen Vergangenheit vorschlägt, die von einer gültigen lebensfähigen Alternative der Verbesserung der Lebensqualität der indigenen Völker weit entfernt ist. Der fundamentalistische Indigenismus ist, offen gesagt, intolerant und führt oft zu einer kulturellen Zurückgezogenheit, die eine ausgewählte und kritische Anpassung an die Angebote der äußerlichen Kulturen verhindert. Die indigenen Völker sind in ihren eigenen Weltanschauungen eingesperrt. Die **Einkapselung** wird gefördert, nicht die Öffnung zu den Anderen. Wegen der menschlichen Entwicklung und dem „interkulturellen Dialog" erklärt man sie für unfähig. Nicht durch einen nostalgischen Rückzug in die idealisierte Vergangenheit fördert man die Lebensqualität der indigenen Völker, sondern durch einen Impuls zu der aktuellen Leistungsfähigkeit der Menschen. Das ist eine „reaktivierte" Bewegung: eine neue Form des ethnischen Fundamentalismus, die in der andinen Region sehr weit verbreitet ist.

Der fundamentalistische Indigenismus ist Teil einer **Verteufelung** der Modernität und der aufklärerischen Idee des „Fortschritts". Von dieser Perspektive aus sind Modernität und Tradition unversöhnlich. Man muss sich entscheiden. Man plaziert die Verteufelung der eigenen indigenen Weltanschauungen des fundamentalen Indigenismus als ob sie in ihrem Wesen unveränderlich wären und nicht durch äußere Einflüsse berührt werden dürfen. Das Recht der Identität wird widersinnig als dauerhaftes Recht und das Recht der Autonomie als das Recht der Isolierung interpretiert. Der fundametalistische Indigenismus ist eine anti-westliche Bewegung, die zu neuen Formen von hierarchischem Ethnozentrismus führt. So, während die indigenen Zweckmäßigkeiten und Weltanschauungen mit Bewunderung und Nostalgie angesehen werden, wird die Vernunft der Aufklärung und Weltanschauung mit Geringschätzung und Verachtung aufgefasst. Das ist ein umgekehrter Rassismus.

Der interkulturelle Diskurs ist weder ein Teil der Verteufelung der Modernisierungsprozesse noch der Sakralisierung der indigenen Weltanschauungen. Offensichtlich kennt man die schädlichen Effekte und die chronische Verarmung nicht, die die Modernisierungsprozesse in den Kulturen und bei den indigenen Völkern produziert haben. Aber, bevor pauschal ein Rückzug der Modernität erteilt wird, ist sie Teil einer Diagnose und Balance. Eine „Balance" der Modernität, die den Imperialismus der instrumentellen Vernunft und die Universalisierung des besitzanzeigenden Individualismus offenlegt, ohne die Kultur und Ökonomie des Konsums nicht funktioniert.

b) ethnisches Stammesbewusstsein versus Nationalstaat

Sehr oft verbindet man den interkulturellen Diskurs mit anti-nationalistischen Vorschlägen, als ob die vorhandenen Brüche der Identität, die sozialen und kulturellen Brüche in einem Land beweisen, dass nach außen eine Art Verschwinden des Nationalstaates gefördert wird. Das ist eine Entwicklung, die notwendigerweise abgewendet werden muss. Es erinnert uns mit Weisheit an die defensive Rolle des undifferenzierten fremden Einflusses, den die Nationalstaaten in den post-kolonialen Gesellschaften wie in der unsrigen erfüllen können. Eine interkulturelle Gesellschaft ist keine Gesellschaft ohne Staat. Von daher handelt es sich um das Pluralisieren des Nationalstaates, das bewirkt, dass er aufhört, ein Instrument der undifferenzierten kulturellen Homogenisierung zu sein: Öffentliche Räume, die Verschiedenartigkeit eingeschlossen, erzeugen, die politischen Parteien pluralisieren, die Zivilgesellschaft interkulturalisieren, den Staat in den Dienst der Gesellschaft stellen und nicht die Gesellschaft in den Dienst des Staates.

c) Dieses sind einige grundlegende ethisch-politische Herausforderungen, denen sich unsere Gesellschaften in der Welt der asymmetrischen Globalisierung gegenüberstellen.

Es ist wichtig vom Anfang des Konzeptes, bei dem wir die „Prozesse der Modernisierung" benannt haben, zu präzisieren. Die Modernisierung weist auf die politischen, sozialen und kulturellen Veränderungen hin, die in Verbindung zu den Industrialisierungsprozessen auftreten, wie beispielsweise „das schnelle und weniger chaotische Wachstum der Städte, die Massenkommunikationssysteme, die dynamischen Systeme der Entwicklung, die sie umfassen und mit den Gesellschaften und den unterschiedlichen Dörfern verbinden; die Staaten, die immer mächtiger, strukturierter, bürokratischer regieren, die konstant nach einer Erweiterung ihrer Macht streben; die sozialen Massenbewegungen von Personen und Dörfern, die ihre politischen und ökonomischen Machthaber herausfordern und sich bemühen, wirkliche Kontrolle über ihr Leben zu erlangen und schließlich diese Personen und Institutionen, die an einem kapitalistischen Weltmarkt, der sich weiter ausdehnt, festhalten und die drastischen Schwankungen leiten."

Literatur

Castells, Manuel 2001: La era de la información. Economía, sociedad y cultura. Vol II. El poder de la identidad. Madrid

Fornet Betancourt, Rául 2000: Interculturalidad y globalización. San José de Costa Rica

Galtung, Johan 1985: Sobre la paz. Barcelona

Habermas, J. 1991: La Modernidad. Un proyecto inacabado. En: Colombia. El despertar de la Modernidad. Bogotá

Kymlicka, Will. 1996: Ciudadanía multicultural. Buenos Aires

Marshall, Berman 1982: Todo lo sólido se desvanece en el aire. La experiencia de la Modernidad. Madrid

Skutnabb-Kangas, Tove: Multilingualism and the Education of Minority Children. En: Minority education: from shame to struggle. Clevedon. pp. 9-44

Verstreute Überlegungen zur lateinamerikanischen Geschichte und Identität

H. C. F. Mansilla

Die ambivalenten Grundlagen der kollektiven Identität in Lateinamerika

Als die Spanier 1492 die Neue Welt entdeckten, nahmen sie ein Kolonialmodell in Angriff, das mit der planmäßigen Vernichtung kultureller und institutioneller Aspekte der eroberten Völker einherging. Im Gegensatz etwa zur britischen Kolonisation in Indien eliminierten die Spanier restlos die politischen und priesterlichen Eliten und tilgten ebenso radikal die religiösen Kulte der altamerikanischen Hochkulturen aus. Dies brachte die Zerstörung sozial relevanter Weltbilder und intellektueller Schöpfungen mit sich. Die Verheerungen gingen so weit, dass die unterjochten indianischen Nationen sich erst jetzt und sehr langsam von den erlittenen Traumata zu erholen beginnen. Ein regelrechter zivilisatorischer Regressionsprozess, der einen beträchtlichen Bevölkerungsrückgang einschloss, fand im 16. und 17. Jahrhundert vor allem in Mexiko, Mittelamerika und im südamerikanischen Andenraum statt. Das Ergebnis war die Umwandlung komplexer Hochkulturen in ausgebeutete und subaltern gewordene Bauerngesellschaften. Wegen dieser soziokulturellen Zersetzung ist es trotz wiederholter Versuche bis heute beinahe unmöglich gewesen, originelle religiöse Kulte, eigenständige politische Strukturen und selbständige Zukunftsvisionen der autochthonen Kulturen wiederzubeleben, obwohl seit geraumer Zeit einige populistisch-nationalistisch orientierte Parteien im Andenraum dieses Bestreben als ihr Programm bezeichnen. Seit der europäischen Eroberung dienten im Allgemeinen die Überbleibsel der indigenen Hochkulturen nicht mehr als die privilegierte Quelle der historischen Sinngebung, der religiösen Inspiration oder der politisch-institutionellen Entfaltung der sich bildenden neuen Nationen des Subkontinents.

In den letzten Jahren sind jedoch solche Versuche der Erneuerung der altamerikanischen Zivilisation, vor allem in Mexiko, Ekuador, Peru und Bolivien stärker geworden. Bis ins Jahr 2000 erfreute sich diese Tendenz keiner umfänglichen und dauerhaften Anerkennung seitens der indianischen Ethnien. Dafür waren mehrere Gründe verantwortlich. Der zivilisatorische Rückgang lässt sich zum Beispiel am gegenwärtigen Zustand der wichtigsten indigenen Sprachen ermessen, die in ihrer Entwicklung seit dem 16. Jahrhundert eigentlich stehen geblieben sind. Moderne politische Begriffe, technologische und wissenschaftliche Probleme lassen sich kaum in diesen Sprachen angemessen ausdrücken. Deswegen ist es nicht verwunderlich, dass im Andenraum indianische Eltern für deren Kinder eine Schulerziehung in spanischer (oder englischer) Sprache und einen urbanen Büroberuf wünschen, wodurch sie (vielleicht unbewusst) bereit sind, auf die beiden klassischen Grundelemente ethnischer Kollektividentität zu verzichten: Sprache und Boden.

Die Neubewertung der indianischen Wurzeln stellt letztlich eine stark artifizielle Angelegenheit[1] dar, die – was nicht überraschen kann – von städtischen Intellektuellen aus den Mittelschichten betrieben wird[2]. Seit ungefähr 2000 gibt es im Andenraum und speziell in Bolivien erstarkende populistisch-indigenistische Parteien, die angesichts des Scheiterns der traditionellen politischen Parteien[3] einen bedeutenden Zuspruch seitens der gesamten Bevölkerung erfahren; in Bolivien hat eine solche Partei durch reguläre Wahlen im Januar 2006 die Regierung übernommen. Die seit der Kolonialzeit tradierte Ambivalenz drückt sich jedoch auch in diesem Fall dadurch aus, dass diese Partei und deren Verbündeten einen konventionellen Modernisierungsprozess intendieren, wobei das eigentlich "Indigene" nur die symbolische und medienmäßige Sphäre ausmacht.

Die Wiederbelebung indigener politischer Vorstellungen erfolgt innerhalb enger Grenzen. In Ecuador und Bolivien gibt es bedeutende politische Parteien, die an indianischen Werten orientiert sind. Diese Parteien bevorzugen einen revolutionären Diskurs, der oft an das geschichtliche Bewusstsein des erlittenen Unrechts appelliert und deshalb stark auf kollektiven Emotionen basiert. Aber im rauhen Alltag handeln diese Parteien nicht grundsätzlich anders als konventionelle Interessenvertretungen, die in Lateinamerika immer noch eine radikale Rhetorik mit einer korrupten Praxis bruchlos verbinden.

Die kollektive Identität und das intellektuelle Bewusstsein

Um diese komplexe Thematik besser zu erhellen, muss man auf folgenden Tatbestand aufmerksam machen. Wenn es in Lateinamerika eine authentische philosophische Anstrengung gegeben hat, so erfolgt sie bis heute in der Gestalt der Geschichtsphilosophie. Seit der ersten Hälfte des 19. Jahrhunderts haben sich Denker aus allen lateinamerikanischen Ländern Fragen gestellt, die um den soziokulturellen und geschichtlichen Ursprung, den adäquaten Entwicklungsweg und die problematische Zukunft jener Völker kreisten. Seit dem 19. Jahrhundert stellen

[1] Laut einer empirischen Untersuchung bei isolierten indianischen Bauerngemeinschaften in Bolivien streben die meisten Dorfbewohner eine rasche Modernisierung westlichen Zuschnitts an, wobei die Bewahrung eigenständiger Kulturelemente (für Freizeit und Folklore) eine immer noch wichtige Randfunktion erfüllt.- Rolando Sánchez Serrano, Comunidades rurales ante el cambio y la modernización. Desarrollo interno y participación comunitaria frente a la evolución actual, La Paz: CEBEM 1994, p. 87 sqq., 103 sqq.- Zum mexikanischen Fall cf. Guillermo Bonfil Batalla, México profundo: una civilización negada, Mexiko: Grijalbo 1990; Pablo R. Cristoffanini, Esencial o híbrida? La cuestión de la cultura nacional en México, in: Hugo Cancino Troncoso et al. (Hrsg.), Nuevas perspectivas teóricas y metodológicas de la historia intelectual de América Latina, Frankfurt: Vervuert 1999, pp. 95-122.

[2] Diese Tätigkeit ist an westeuropäischen Universitäten wegen des schlechten Gewissens europäischer Denker und Sozialwissenschaftler recht verbreitet und beliebt.

[3] In den meisten Ländern Lateinamerikas haben sich die politischen Parteien durch ein Ausmaß an Ineffizienz und Korruption ausgezeichnet, das jeder Beschreibung spottet und eigentlich nur durch literarische Anstrengungen verständlich wird.

folgende Themata die sich wiederholenden Fragestellungen der öffentlichen Diskussion dar: der dauernde Einfluss der iberisch-katholischen Kultur, die zwiespältigen Hauptzüge der nationalen Identität, die Beziehungen zu Westeuropa und Nordamerika, der Inhalt und die Lebensfähigkeit der verschiedenen Entwicklungswege sowie die Möglichkeit und Wünschbarkeit eines wirklich eigenständigen Gesellschaftsmodells. Und dazu gehört selbstredend die Diskussion um die indianischen Wurzeln und deren zeitweilige Neubewertung. Aber die aktuellen Auseinandersetzungen in Philosophie und Sozialwissenschaften bevorzugen allgemeinere Fragestellungen, zumal die Debatte um die indianischen Wurzeln relativ wenige lateinamerikanische Länder betrifft. Demgegenüber kann man natürlich behaupten, dass geradezu im Zeitalter der Globalisierung die Problematik indigener Orientierungsnormen klar an Bedeutung gewinnt, und zwar als Kontrast zu den offenkundig negativ gewordenen Aspekten einer weltumfassenden soziokulturellen Gleichschaltung. Aber das geschieht im Zuge einer weitverbreiteten Neueinschätzung traditioneller und vorbürgerlicher Werte, einer Neueinschätzung, die in allen Kontinenten eine Hinterfragung der Moderne und deren Ergebnisse impliziert und somit nicht spezifisch mit einer Renaissance indianischer Kulturen zu tun hat.

Die Spannung zwischen traditionellen partikularistischen Werten und modernen universalistischen Zwängen, die Dialektik von Individualismus und Kollektivismus sowie die Übereinstimmung von eigener Überlieferung und aktuellen Menschenrechtskonzeptionen sind die bevorzugten Themata der jetzigen sozialwissenschaftlichen Auseinandersetzung. Die Beständigkeit herkömmlicher Mentalitäten im Zuge beschleunigter Modernisierungsprozesse und somit die verbleibende normative Kraft des iberisch-katholischen Erbes bilden zum Beispiel intensiv diskutierte Fragestellungen, an denen sich die Belletristik und die Sozial- und Geisteswissenschaften rege beteiligen. Und diese Debatte erfolgt meist mittels der kulturellen Konzepte und der wissenschaftlichen Verfahren, die die westliche Zivilisation hervorgebracht hat.

Koloniales Erbe und intellektuell-politisches Bewusstsein

Die Spanier – und im geringeren Ausmaß die Portugiesen – übertrugen ihre damaligen Orientierungswerte und Verwaltungsstandards auf die Neue Welt. In spärlich besiedelten Regionen ohne eigene Hochkulturen, wie Argentinien, Uruguay, Chile und Südbrasilien, wurde eine Lebensweise etabliert, deren zivilisatorische Züge denjenigen des jeweiligen Mutterlandes stark ähnelten. Diese iberisch-katholische, mediterrane Kultur hat sich dort im Wesentlichen bis heute erhalten. Diese Länder wurden verhältnismäßig früh in einen beträchtlichen Modernisierungsprozess eingegliedert, so dass man jetzt von einer Variante der westeuropäischen Zivilisation sprechen kann, die allerdings wenig originell ausfällt.

In anderen Gegenden, so vor allem in Mexiko, Guatemala und im Andenraum, lässt sich eine synkretistische Lösung feststellen, welche altamerikanische

Kulturüberbleibsel mit Aspekten der iberisch-katholischen Tradition verbindet. Aber auch dieses synkretistische Modell ist unter der Vorherrschaft westlicher Werte und Vorstellungen zustande gekommen. Die autochthonen Elemente beschränkten sich in der Regel auf die Volkskultur (Musik, Gestaltung von Festlichkeiten) und auf das Familien- und Intimleben, das heißt eigentlich auf Residualgebiete, die die großen Evolutionslinien, vor allem in langfristiger Perspektive, nicht tangieren. Die dort vorherrschende politische Kultur des Autoritarismus, die auf eine Kombination von indianischen und iberisch-katholischen Elementen zurückgeht, ist ebenfalls eine zähe Leistung des Synkretismus.

Heute tendieren beide Modelle – das heißt europäisch beeinflusste Nationen wie Argentinien und indianisch geprägte Gesellschaften wie Bolivien – zur Angleichung. Im Allgemeinen kann man davon ausgehen, dass Lateinamerika entscheidend von der zeitgenössischen westlichen Zivilisation nordamerikanischer Ausrichtung bestimmt wird. Und dies um so mehr, als die aktuellen Werte dieser Zivilisation durch die modernen Massenkommunikationsmittel (insbesondere durch das Fernsehen) bis in das letzte Dorf des tropischen Urwaldes vordringen und die Mentalität und die Erwartungen der jüngeren Generationen maßgeblich bestimmen.

Die Lateinamerikaner sehen sich selbst mehrheitlich als einen Teil der westlichen Kultur an, auch wenn dieses Gefühl keineswegs auf Gegenseitigkeit beruht. Die Gemeinsamkeiten zwischen der westlichen Welt und Lateinamerika scheinen auch beträchtlich größer zu sein und tiefer zu gehen als die Differenzen zwischen beiden Zivilisationsmodellen. Diese Gemeinsamkeiten sind vornehmlich in den Bereichen von Sprache, Religion, Rechtstradition, Staats- und Verwaltungsaufbau zu erblicken. Sie beruhen auf spanischen bzw. portugiesischen Beständen. Eine weitere bedeutsame Ähnlichkeit liegt in der vorherrschenden Mentalität. Im Gegensatz etwa zur islamischen Welt und zum ostasiatischen Raum lässt sich in Lateinamerika eine eher individualistische Grundeinstellung bei der Mehrheit der Bevölkerung feststellen, die auf westlich-christliche Überlieferung zurückgeht. Die Bildung einer politisch relevanten Nationalidentität, die sich in der Gegenwart von der Kritik oder gar Ablehnung westlicher Werte und Normen speist, ist in lateinamerikanischen Ländern sehr unwahrscheinlich.

Tatsächlich geltende Orientierungswerte

Trotz ökologischer Katastrophen großen Ausmaßes und trotz der Renaissance indigenistischer Erbschaft hat das magische Dreieck von Wachstum, Entwicklung und Fortschritt seine paradigmatische Ausstrahlungskraft beibehalten. Das ist zweifellos eine modern-westliche Schöpfung, obwohl sie in der Gegenwart von fast allen Sozialordnungen als eine nicht nur normative, sondern obligatorische Religion verehrt wird, der eine übergeschichtliche Kraft und eine universelle Natur zukommen sollen. Dieser profane Glaube hat heute die groben, materialistischen Züge der nordamerikanischen Zivilisation übernommen, aber auch ihre antiintellektualistische Haltung, ihre anti-aristokratischen Ressentiments und ihre ahistorische Betrachtungsweise. Diese Evolution hat in der Neuen Welt eine kollektive Einstellung gefördert, die sich gegenüber der technologischen Entwicklung und den intellektuellen Modeströmungen (gestern Marxismus, heute Postmodernismus) als leichtgläubig und imitativ erwiesen hat. Das gilt auch und besonders für die indigenistischen Bewegungen und Parteien, die kurioserweise dem postmodernistischen Werterelativismus das Wort reden. Die heutige Konzeption der Grundrechte wird beispielsweise als eine bloß west-europäisch-individualistische Schöpfung ausgegeben, die neben anderen, etwa kollektivistischen Theoriegebäuden im offenen Ideenforum um die Gunst der Nationen kämpfen muss. Dem politisch-indigenistischen Denken fehlt gerade eine große europäische Errungenschaft: die kritisch-wissenschaftliche, prüfende Distanz gegenüber Natur und Menschenwelt.

Die Herausforderungen der Gegenwart angesichts ethnisch beeinflusster Probleme

In den letzten fünfzig Jahren hat der lateinamerikanische Raum tiefere und intensivere Veränderungen erfahren als je zuvor. Mit der Ausnahme Argentiniens stellten vor dem Zweiten Weltkrieg die lateinamerikanischen Länder statische, traditionsgebundene, agrarisch geprägte und patriarchalisch regierte Sozialordnungen dar, deren Selbstbilder relativ einheitlich und elementar waren. Wenige Jahrzehnte später sind diese Länder kaum wiederzuerkennen. Die Gesamtbevölkerung hat sich verdreifacht, die Anzahl von Schulen und Universitäten ist buchstäblich nicht mehr zu ermitteln, die Migrationsbewegungen spotten jeder Beschreibung. Die Entwicklungsdynamik ist trotz unzähliger Verzerrungen nicht zu bremsen, obwohl deren Qualität als durchaus minderwertig zu bezeichnen ist. Die größten Städte der Welt befinden sich heute in Lateinamerika, aber auch die schlimmsten Fälle von Umweltzerstörung und Korruption.

Die lateinamerikanischen Gesellschaften sind ausgesprochen komplexe Gebilde geworden, und gerade diese Komplexität erlaubt kaum, vom einem einzigen Selbstverständnis zu reden, in dem sich die meisten Einwohner der Neuen Welt irgendwie wiedererkennen würden. Der kombinierte Prozess von Verstädterung und Modernisierung, Eingliederung in den Weltmarkt und Erweiterung der Erziehungsmöglichkeiten hat unter anderem dazu geführt, dass sich die lateinamerikanischen Länder stark voneinander ausdifferenziert haben. Der Subkontinent zeichnet sich jetzt durch eine erstaunliche Mannigfaltigkeit aus, welche allgemein gültige Aussagen über kollektive Mentalitäten und politisch-institutionelle Strukturen erschwert. In der Tat gibt es unübersehbare Unterschiede zwischen durchaus modern-europäisch ausgerichteten Staaten wie Argentinien, Chile und Uruguay einerseits und traditionell-indianisch geprägten Ländern wie Guatemala, Bolivien und Ecuador andererseits. Deshalb sind soziokulturelle Unterschiede trotz technisch-ökonomisch bestimmter Globalisierung immer noch von Bedeutung; die

Gewissheit, einer bestimmten ethnischen Gruppe anzugehören, hat sich in vielen Gegenden Lateinamerikas trotz der Modernisierung nicht abgeschwächt, sondern vielleicht verstärkt. Die Verdichtung der Kontakte zwischen verschiedenen Nationen sowie die Annäherung der Menschen untereinander wegen der raschen Zunahme der Kommunikationsmöglichkeiten haben in einigen Weltgegenden unerwartet dazu geführt, dass das kollektive Bewusstsein der kulturellen Besonderheiten und Differenzen geschärft worden ist. Die Instrumentalisierung von Ethnizität zugunsten machtpolitischer Interessen ist damit vorprogrammiert. Im Zuge der Auseinandersetzung um knapper werdende Ressourcen wird dadurch eine entschiedenere Ablehnung des Anderen wahrscheinlicher und damit die Möglichkeit eines gewaltsamen Konfliktes akuter.

Schon heute lassen sich in Lateinamerika Antagonismen um knappe Ressourcen – wie Agrarland, Wasser, Holz, Energiequellen – feststellen, die mit einer ethnischen Färbung aller Beteiligten einhergehen, vor allem in Mittelamerika, Mexiko und im südamerikanischen Andenraum. Für das kollektive Selbstverständnis spielt das Ethnisch-kulturelle eine zwar nicht hervorragende, aber doch bedeutsame Rolle, die selten als solche öffentlich anerkannt wird. Parallel dazu ist nicht zu verkennen, dass im modernen Milieu der meisten lateinamerikanischen Großstädte, wo neuere Einwanderer aus indianischen Bauernregionen das Bild prägen, Lebensformen, Orientierungswerte und Handlungsmuster sich zu eigenständigen Kulturmodellen oder besser zu Gegenkulturen konsolidieren, die sich voneinander gemäß ethnischen Linien abzugrenzen beginnen. Und dennoch breitet sich gleichzeitig in denselben urbanen Siedlungen eine beinahe universelle Jugendkultur aus, die von nordamerikanischen Werten und Vorstellungen gekennzeichnet ist, deren ethische und ästhetische Qualität viel zu wünschen übrig lässt. Für die Zukunft liegt hier ein politisches Konfliktpotential ersten Ranges vor, über dessen Intensität und Verlaufsformen zur Zeit nichts Konkretes auszusagen ist, das aber ebenfalls die kollektiven Welt- und Selbstbilder stark beeinflussen wird. Es ist durchaus möglich, dass demnächst in mehreren lateinamerikanischen Ländern der Kampf um knappe Ressourcen (wie Agrarland) eine andere, komplexere Dimension erreichen wird, die ethnisch-kulturelle Elemente einschließen könnte. Das würde erhebliche Folgen für die diversen Varianten des lateinamerikanischen Selbstverständnisses mit sich bringen. (Land- und Bodenprobleme stellen schließlich diejenigen Faktoren dar, die am engsten mit Fragen der ethnischen, regionalen und nationalen Identität bzw. Zugehörigkeit verbunden sind).

Eine zunehmende Verschiedenheit im Inneren des jeweiligen Staates in bezug auf Einkommenshöhe, politische Partizipation und Lebensziele kommt noch hinzu. Fast allen lateinamerikanischen Ländern ist freilich eine Gesellschaftsstruktur eigen, in der die Gruppen indianischer und afrikanischer Herkunft insofern diskriminiert werden, als sie mehrheitlich die untersten Stufen der sozialen Pyramide bilden. Heutzutage tragen jedoch einige Faktoren dazu bei, dieses einfache Bild – das jahrhundertelang sicherlich richtig war – erheblich zu komplizieren. Die Gesellschaftsstruktur aller Länder des Subkontinents zeichnen sich durch eine durchlässige Natur aus, die eine bemerkenswerte vertikale Mobilität zwischen den Klassen und Schichten erlaubt hat. Es ist in dieser Hinsicht bezeichnend, dass es in den meisten lateinamerikanischen Nationen keine nennenswerte geschichtliche Kontinuität der Eliten gegeben hat und sich deshalb über mehrere Generationen keine genuine Aristokratie hat entfalten können. Das Geld ist heute das wichtigste Kriterium in Bezug auf gesellschaftliche Lozierung, sozialen Aufstieg und publikumsmäßiges Prestige.

Gerade in den Ländern mit starken indianischen Gemeinschaften hat seit dem 16. Jahrhundert ein Prozess der Rassenmischung stattgefunden, dessen Ergebnis eine komplexe Mestizenstruktur ist. Mestizen bilden im Allgemeinen die Mittelschichten, deren politisches, kulturelles und ökonomisches Gewicht im Laufe der Zeit ständig zugenommen hat. Ihre Vorstellungen und Visionen sind jetzt für die Bildung des lateinamerikanischen Selbstverständnisses maßgebend. Und diese Schichten streben keine Gesellschaftsziele an, die grundsätzlich gegen westliche Vorbilder ausgerichtet sind. Ihr subjektives Gefühl der Diskriminierung hält sich in Grenzen. In den typischen Einwanderungsgesellschaften, wie Argentinien, Chile und Uruguay, tritt dieses Problem der Diskriminierung kaum in Erscheinung, denn diese Länder verfügen über eine weitgehend ethnisch homogene Bevölkerung. Bolivien, Peru, Ecuador und Guatemala stellen das andere Extrem dar, in dem eine privilegierte Minderheit von Weißen die Spitze der Gesellschaft bildet und das politische wie kulturelle Leben des jeweiligen Landes weiterhin beherrscht. Hier lassen sich eindeutige und beharrliche Phänomene ethnischer Benachteiligung konstatieren.

Die normative Kraft des westlichen Zivilisationsmodells

Demgegenüber liegen zugleich gewichtige Gründe für die Annahme vor, dass der größere Teil der indianischen Gemeinschaften in ganz Lateinamerika eine von westlichen Vorbildern inspirierte Modernisierung erreichen will, bei der autochthone Elemente eine zwar identitätsstiftende, aber paradoxerweise residuale Rolle spielen, und zwar in den Bereichen von Familie, Religion und Freizeit, Bereichen, die dadurch einen Firnis von kultureller Eigenständigkeit bekommen. Die ungeheure Ausbreitung moderner Kommunikationsmittel tendiert dazu, einheitliche Weltbilder, Orientierungswerte und Handlungsmuster bei allen ethnischen Sektoren und sozialen Schichten zu induzieren; dieser Uniformierungsprozess neigt dazu, ethnische Differenzen allmählich zu verwässern. In Mexiko, Mittelamerika und im Andenraum lässt sich zudem folgende Evolution feststellen. Im heute maßgeblichen Milieu der Großstädte neigen die jungen Menschen (unabhängig vom sprachlich-ethnischen Ursprung) dazu, eine eigene supraethnische Subkultur zu entfalten, die stark an nordamerikanischen Vorbildern orientiert ist. Die tatsächlichen Verhaltensmuster der (alten) weißen Oberschicht und der (neuen) Mittel- und Unterschichten tendieren zum Ausgleich, und zwar mittels der intensiven Nachahmung westlicher Standards. Eliten stellen diejenigen sozialen Gruppen dar, die zuerst und am beständigsten die normativen Werte der erfolgreichen Metropolen übernehmen. Bei den indianischen Gemeinschaften in Bolivien, Peru, Ecuador und Guatemala haben deren Oberschichten – die im letzten Jahrzehnt erheblich an Bedeutung gewonnen haben – am nachhaltigsten die westlichen Werte verinnerlicht[4].

Bei einem gesamten Überblick lassen sich einige soziokulturelle Aspekte ausmachen, die in groben Zügen allen lateinamerikanischen Gesellschaften noch gemeinsam sind. Sie stellen aber Phänomene dar wie normative Orientierungswerte, allgemeine Zukunftserwartungen und kollektive Mentalitäten, die sich oft einer genauen Beschreibung entziehen. Die konventionelle empirische Forschung hat wenig zu ihrem Verständnis beigetragen. Die Auseinandersetzung mit diesen Aspekten impliziert jedoch keine kulturessentialistische Betrachtungsweise. Es gibt wahrscheinlich keinen unwandelbaren und gleichbleibenden Kern einer Kultur, der über die Wirrnisse der Geschichte deren unveränderte Identität zu erhalten vermocht hätte. Sogar die ältesten und allgemein anerkannten Elemente der Nationalidentität (Sprache, Religion, Vergangenheit) sind historischer Natur, das heißt letztendlich prekär und vorläufig – wie überhaupt jedes menschliche Werk.

Die Beständigkeit der politischen Kultur

Parallel dazu existiert weiterhin in Lateinamerika die traditionelle politische Kultur, die immer noch als autoritär, paternalistisch und zentralistisch zu bezeichnen ist – so wie sie in Spanien und Portugal bis etwa 1950/1960 üblich war. Dieser täglich praktizierte Autoritarismus ist mit der erwähnten Technik-Gläubigkeit eine dauerhafte Verkettung eingegangen. Das Problematische an dieser lateinamerikanischen Kultursynthese von naiver Technophilie und politischem Autoritarismus liegt darin, dass sie den Herausforderungen der Gegenwart nicht gewachsen ist, was für die Zukunft nichts Vernünftiges verheißt.

Die politische Kultur des Subkontinents macht den wichtigsten Teil des allgemeinen Selbstverständnisses aus. Sie ist zweifellos für die vorherrschende Mentalität und die kollektive Identität breiter Bevölkerungssektoren immer noch maßgebend, obwohl der Demokratisierungsprozess seit rund 1980 die Tradition des Autoritarismus teilweise verdrängt hat. Dies politische Kultur stellt weiterhin die hässliche Seite Lateinamerikas dar, weil sie nämlich von weitgehender Korruption, beharrlichem Patrimonialismus und verwickelten Bürokratisierungspraktiken gekennzeichnet ist. Und das Bedenkliche dürfte darin bestehen, dass ausgedehnte Bevölkerungssektoren darin nichts Negatives erblicken.

Die Beständigkeit des Autoritarismus ist in der geschichtlichen Evolution

---

[4] Eine andere Sache ist es allerdings, dass dieser Prozess unwiederbringlich dazu führen wird, auf unbestimmte Zeit einen guten, sozial relevanten Geschmack zu erdrücken und weltweit eine obligatorisch gewordene Ästhetik der Banalität zu etablieren. Vgl. Manfred Wöhlcke, Soziale Entropie. Die Zivilisation und der Weg allen Fleisches, München: dtv 1996

Lateinamerikas verwurzelt. Eine Quelle der Konflikte zwischen dem protestantisch geprägten Nordamerika und dem katholisch geformten Lateinamerika ist historisch-kultureller Natur und mithin Bestandteil der kollektiven Identität beider Subkontinente. Im Gegensatz etwa zu den puritanischen Siedlern des Nordens wollten die iberischen Eroberer keine Neue Welt schaffen, sondern die herkömmlichen Herrschaftsstrukturen der Alten Welt in eigenem Interesse reproduzieren. Sie errichteten eine streng hierarchische, zentralistische und autoritäre Ordnung – den bürokratischen, korporativistischen Patrimonialismus –, deren Fundamente bis heute, zumindest partiell, erhalten geblieben und einer modernen demokratisch-liberalen Gesellschaft weiterhin disfunktional sind. Diese prämodernen, ausgesprochen autoritären Elemente sind noch heute in folgenden Sphären des lateinamerikanischen Soziallebens wirksam: im Bereich der Kräfte, die für die Aufrechterhaltung der Ordnung sorgen (Justizwesen, Staatsanwaltschaft, Polizei, Armee); auf dem Gebiet von Erziehung und Bildung (Schul- und Universitätswesen, Intellektuelle); und bei der sogenannten politischen Klasse. Es ist nicht überflüssig daran zu erinnern, dass all diese Sektoren trotz einer schrillen Rhetorik keine relevanten Veränderungsimpulse – geschweige denn Modernisierungsschübe – auszustrahlen vermögen. In ganz Lateinamerika gingen zum Beispiel die Bestrebungen zur Reform des Staatsapparats und der Justiz von Privatunternehmern und aufgeklärten Bürokraten der hohen Administration und keineswegs von Rechtsanwälten, Rechtsprofessoren oder Richtern aus. Die Lage war und ist nicht wesentlich verschieden bei Gewerkschaftsfunktionären oder bei Ideologen linker und nationalistischer Parteien: sie alle entpuppten sich als Vertreter konservativ-konventioneller Vorstellungen, als sie bei der üblichen Redistributionsschlacht im vorliberalen System (und noch heute) versuchten, ihrem jeweils prämodernen Interessensektor den größtmöglichen Anteil an staatlichen Geldern zukommen zu lassen. Man bezeichnete diese Bestrebungen als antiimperialistische, revolutionäre und zugleich autochthone Werte und Maßnahmen. Als die Globalisierung akut wurde, stellte sich heraus, dass in bezug auf die Schaffung wirklich alternativer Orientierungswerte Ordnungskräfte, Juristenvereine, Erziehungsinstitutionen, Universitäten, Intellektuelle, Gewerkschaften und vor allem indianische Bauernverbände nichts Bedeutendes oder gar Brauchbares vorzuweisen hatten.

Bis zur jetzigen Modernisierungs- und Globalisierungswelle waren konservative iberisch-katholische Werte und Alltagseinstellungen stark verbreitet, vornehmlich in Provinzmilieu und bei den Mittel- und Unterschichten. Seitdem bilden die westeuropäisch-nordamerikanischen Modernisierungsleistungen die unbestrittenen Entwicklungsparadigmata. Sogar Bolivien und Guatemala, die beiden Länder mit dem höchsten Bevölkerungsanteil an indianischen Ethnien, stellen Gesellschaften dar, die sich rasch nach westlichem Vorbild modernisieren wollen; das indianische Kulturerbe spielt, wie bereits erwähnt, sicherlich eine bedeutsame Rolle, aber hauptsächlich in Bereichen wie Freizeitgestaltung, Volkskultur, Familien- und Intimleben sowie Selbst- und Feindbild, die die Gesamtentwicklung zwar tangieren, aber nicht mehr wesentlich beeinflussen können.

Lateinamerikas Position gegenüber der Ersten Welt

Spätestens seit der Mitte des 19. Jahrhunderts stehen die lateinamerikanischen Länder in einem ebenso komplizierten wie engen Verhältnis zu Westeuropa und den Vereinigten Staaten, einem Verhältnis von gleichzeitiger Ablehnung und Nachahmung, das sich für die Bildung der entsprechenden Nationalidentität von ausschlaggebender Bedeutung erwiesen hat. Wenn es heute so etwas wie ein kollektives Selbstbild Lateinamerikas gibt, dann in der Gestalt einer ambivalenten Grundhaltung gegenüber dem Westen. Christlich-individualistische Wertorientierungen spielen in Lateinamerika eine größere Rolle als in Asien und Afrika, so dass Lateinamerika trotz aller Vorbehalte der westlichen Kulturtradition zuzurechnen ist. Man kann weitergehen und behaupten, dass der aktuelle Kern der kollektiven Identität durch den kollektiven Willen geprägt ist, die technologisch und organisationsmäßig so erfolgreiche Zivilisation Westeuropas und Nordamerikas nachzuahmen. Wenn es heute ein allumfassendes Selbstverständnis in Lateinamerika gibt, dann ist es das kollektiv getragene Bestreben, die eigene Gesellschaft so rasch und so gründlich wie möglich zu modernisieren.

Von Anfang an schloss jedoch dieser Wille ein anderes Moment ein: die lateinamerikanischen Nationen strebten und streben zwar die Erreichung der technisch-ökonomischen Errungenschaften des Westens an, wollen aber dabei wenige, aber anscheinend autonome soziokulturelle Aspekte der eigenen Überlieferung aufbewahren und weiter pflegen, Aspekte, die im Zeitalter der technologischen Homogenisierung und der kulturellen Uniformität identitätsstiftend wirken sollen. Diese Elemente bilden eine Kulturmischung aus Fragmenten des indianischen Erbes, der iberisch-katholischen Tradition und der instrumentell verkürzten Rezeption der westlichen Rationalität. Diese synkretistischen Systeme weisen bedeutende Unterschiede unter den lateinamerikanischen Ländern auf; ähnliche Versuche hat es übrigens in der gesamten Dritten Welt gegeben.

Man kann die normativen Entwicklungszielsetzungen des lateinamerikanischen Selbstverständnisses als imitativ bezeichnen. Sie bilden keine eigenständige Schöpfung des Subkontinents: sie bestehen meistens in der Nachahmung des in Westeuropa und Nordamerika bereits Erreichten. Diese Nachahmung ist sozusagen zweiter Klasse, und das ist entscheidend. Man ahmt Verfassungen, Institutionen und Gesetzeswerke aus Westeuropa und Nordamerika nach, aber keineswegs die ihnen zugrundeliegende demokratische Alltagskultur. Man übernimmt begeistert technische Erfindungen, Apparate und Verfahren, aber man vernachlässigt bewußt den wissenschaftlich kritischen Geist, der der technologischen Entwicklung überhaupt vorausgeht. Man baut eine großstädtische Industriezivilisation auf, aber man verachtet ökologisch-konservierende Maßnahmen aller Art. Außerdem hat der lateinamerikanische Staat im Gegensatz etwa zum westeuropäischen Modell niemals das Monopol der legitimen Gewaltanwendung behaupten können; Guerrillaverbände, autonome Armeen von Großgrundbesitzern, Politikern und Mafiagruppen sowie moderne private Sicherheitsdienste legalen Charakters (anstelle der ineffizienten Polizei) durchlöchern ständig und entscheidend das Gewaltmonopol des Staates. In vielen Bereichen des Soziallebens und des individuellen Alltags lassen sich schwerwiegende Disziplinierungsversäumnisse feststellen, nicht zuletzt im chaotischen Straßenverkehr. Die Gesetze gelten zum Beispiel nur für die Armen und Einflusslosen; für die Reichen und Mächtigen ist der Gehorsam gegenüber Behörden und Gesetzen stets verhandelbar. Laut Peter Waldmann gelten in Argentinien die Gesetze und Statute als Programmsätze, die unzählige Ausnahmen zulassen. Ein daraus resultierender "regelsprengender Individualismus" verhindere die zivilrechtliche Gleichheit aller Staatsbürger, wodurch der zeitgenössische Rechtsstaat nicht gewährleistet werden könne. Die Lage in den anderen lateinamerikanischen Ländern ist ähnlich, wenn nicht schlimmer.

Vorläufige Schlussfolgerungen

Das frühe, relativ einfache Selbstbild der Lateinamerikaner ist in den letzten Jahren aus anderen Gründen erheblich komplizierter geworden. Der Prozess schnell wachsender Vernetzung aller Gesellschaften ist zweifellos von der wirtschaftlichen und technologischen Dynamik der westlichen Industrieländer induziert worden. Zentrale Zielsetzungen der Gesamtentwicklung sowie die Verhaltens- und Konsummuster der heutigen Weltbevölkerung weisen eine eindeutige westlich-metropolitanische Prägung auf, die zu ständigem Wachstum und immerwährender Expansion anspornt. Diese Evolution geht mit der zeitgenössischen Entfaltung eines allumfassenden Kommunikationssystems einher, einer Entfaltung, die die Einebnung soziokultureller und politisch-institutioneller Unterschiede mit sich bringt und gerade deswegen auch Widerstände in der Bevölkerung hervorbringt. Diese Widerstände sind mannigfaltiger Natur und speisen sich aus verschiedenen Quellen. Eine dieser Quellen ist eine zunehmend kritischere Wahrnehmung von Modernisierung und Globalisierung und eine damit einhergehende günstigere Betrachtung der traditionellen, vormodernen Welt seitens bestimmter Gesellschaftssektoren, vor allem im Andenraum, Guatemala und Mexiko.

Das Loblied von Entwicklung, Wachstum und Fortschritt, das immer noch von den internationalen Organisationen und fast allen Institutionen der Entwicklungshilfe angestimmt wird, verdeckt die Tatsache, dass die vorherrschende nachahmende und zweitklassige Modernität mehr Probleme als Lösungen hervorgebracht hat. Sie kam zu schnell und zersetzte viele vernünftige Strukturen und Orientierungsnormen der alten Ordnung, wie die ökologisch angepasste Subsistenz-Landwirtschaft, die unbürokratisch dargebotene Solidarität und Hilfe im Rahmen von Verwandtschaft und Großfamilie und vor allem die verbindlichen ethischen Werte, die – etwa als moralische Ächtung – immer noch das beste Gegenmittel gegen Bestechlichkeit, illegale Bereicherung und Alltagsunsicherheit darstellen.

Die Länder des lateinamerikanischen Subkontinents erfuhren und erlitten seit 1492 durchaus asymmetrische Beziehungen zu den europäischen Kolonialmächten. Die Vorstellung, dass das heutige Lateinamerika jahrhundertelang von europäischen Mächten ausgebeutet worden sei und somit unfreiwillig zum Wohlstand Europas erheblich beigetragen habe, bleibt noch heute bei den verschiedensten sozialen und kulturellen Gruppen lebendig, obwohl die Mehrheit derselben Gruppen inzwischen an westeuropäischen (und nordamerikanischen) Entwicklungswerten orientiert sind. Die Aufrechterhaltung der weitverbreiteten Erinnerung an dieses historische Trauma hat vor allem identitätsstiftende und ideologische Bedeutsamkeit, welche jedoch heute kein Hindernis darstellt, gleichzeitig Europa und die USA als Entwicklungsparadigmata zu betrachten. Dies bildet bis jetzt den Hauptgrund für die nicht aufzulösende Zwiespältigkeit des lateinamerikanischen Selbstverständnisses.

Literatur

Alfonso de Toro; Fernando de Toro (Hrsg.)1999: El debate de la postcolonialidad en Latinoamérica. Una postmodernidad periférica o cambio de paradigma en el pensamiento latinoamericano. Madrid/Frankfurt. Iberoamericana/Vervuert

Alvaro García Linera et al. 2005: Democracia en Bolivia. La Paz. Corte Nacional Electoral

Anthony D. King 1991: Culture, Globalization and the World System. Contemporary Conditions for the Representation of Identity. Basingstoke. Macmillan

Bruno Schoch: Vom Janusgesicht des Nationalismus. Demokratie und ethnische Intoleranz sind beide im Nationalprinzip angelegt. In: ibid., pp. 17-20

Carlos Toranzo Roca 2006: Rostros de la democracia: una mirada mestiza. La Paz. ILDIS/Plural

Dieter Senghaas 1998: Zivilisierung wider Willen. Frankfurt. Suhrkamp S. 140

Dominique Perrot; Roy Preiswerk 1979: Etnocentrismo e historia. América indígena, Africa y Asia en la visión distorsionada de la cultura occidental. Mexiko. Nueva Imagen

Francisco González Cruz 2001: Globalización y lugarización. En: REVISTA VENEZOLANA DE CIENCIA POLITICA (Mérida), Nr. 19, Januar-Juni 2001, pp. 73-89

Francisco Miró Quesada; Leopoldo Zea 1995: La historia de las ideas en América Latina. Tunja. UPTC

Arturo Roig 1993: Historia de las ideas, teoría del discurso y pensamiento latinoamericano. Bogotá. Santo Tomás

Guillermo Bonfil Batalla 1990: México profundo: una civilización negada. Mexiko. Grijalbo

Hans-Jürgen Puhle 2000: Muster gesellschaftlicher Entwicklung in Nordamerika und Lateinamerika. In: Friedrich Edelmayer et al. (Hrsg.): Die vielen Amerikas. Die Neue Welt zwischen 1800 und 1930. Frankfurt. Brandes & Apsel/Südwind, pp. 15-34

Hans-Jürgen Puhle 1992: Soziale Schichtung und Klassenbildung in den USA und Lateinamerika. In: Wolfgang Reinhard; Peter Waldmann (Hrsg.): Nord und Süd in

Amerika. Gegensätze, Gemeinsamkeiten, Europäischer Hintergrund. Freiburg. Rombach. Bd. I, pp. 364-382

Horst Pietschmann 1998: Geschichte des atlantischen Systems 1580-1830. Hamburg. Joachim Jungius-Gesellschaft der Wissenschaften

Howard J. Wiarda 1995: Democracy and Its Discontents. Lanham; New York; London. Rowman & Littlefield, pp. 185-208

Jorge Jiménez 1997: Crónicas de la disidencia. Contracultura y globalización en América Latina. In: REVISTA DE FILOSOFIA DE LA UNIVERSIDAD DE COSTA RICA (San José), vol. XXXV, Nr. 86, Dezember 1997, pp. 169-183

Jorge Larraín Ibáñez 1996: Modernidad, razón e identidad en América Latina. Santiago de Chile. Andrés Bello

José Alcina Franch (Hrsg.) 1990: Indianismo e indigenismo en América. Madrid. Alianza

Guillermo Bonfil Batalla 1981: Utopía y revolución. El pensamiento político contemporáneo de los indios en América Latina. Mexiko. Nueva Imagen

Manfred Mols 1993: Concepción del Estado e ideal de desarrollo en América Latina. In: Felipe MacGregor; Nikolaus Werz (Hrsg.): Democracia: derechos humanos y orden político. Bd. IV B innerhalb der Reihe: Peter Hünermann; Juan Carlos Scannone (Hrsg.): América Latina y la doctrina social de la Iglesia. Buenos Aires. Ediciones Paulinas, pp. 125-161

Manfred Mols 1985: Demokratie in Lateinamerika. Stuttgart etc.. Kohlhammer, p. 40 sqq.

Manfred Wöhlcke 1996: Soziale Entropie. Die Zivilisation und der Weg allen Fleisches. München. dtv

Marcello Carmagnani: Colonial Origins of Latin American Underdevelopment? Historical Considerations on an Old and Ideological Dispute. In: Wolfgang Reinhard; Peter Waldmann (Hrsg.): (Anm. 19), Bd. II, pp. 657-666

Maria Emilia Prado 2005: A questâo nacional, a identidade cultural e o passado colonial brasileiro. In: ESTUDIOS INTERDISCIPLINARIOS DE AMERICA LATINA Y EL CARIBE (Tel Aviv). Jg. 16, Nr. 2, Juli-Dezember 2005, pp. 135-152

Mario Miranda Pacheco (Hrsg.) 1993: Bolivia en la hora de su modernización. Mexiko. UNAM

Mario Vargas Llosa 1996: La utopía arcaica. José María Arguedas y las ficciones del indigenismo. Mexiko. FCE

Miguel Jorrín; John Martz 1970: Latin American Political Thought and Ideology. Chapel Hill. North Carolina U. P.

Pablo R. Cristoffanini 1999: Esencial o híbrida? La cuestión de la cultura nacional en México. In: Hugo Cancino Troncoso et al. (Hrsg.): Nuevas perspectivas teóricas y metodológicas de la historia intelectual de América Latina. Frankfurt. Vervuert, pp. 95-122

Peter Wade 1997: Race and Ethnicity in Latin America. London. Pluto

Jan Nedderveen Pieterse 1993: Beherrschung und Befreiung. Die Vielfalt und

Mehrdeutigkeit ethnischer Politik. In: DER ÜBERBLICK (Hamburg), 29. Jg., Nr. 3, September 1993, pp. 11-16
Peter Waldmann; Georg Elwert 1989: Einleitung. In: Waldmann; Elwert (Hrsg.): Ethnizität im Wandel. Saarbrücken. Breitenbach, p. 11
Peter Waldmann 2002: Der anomische Staat. Über Recht, öffentliche Sicherheit und Alltag in Lateinamerika. Opladen. Leske + Budrich
Peter Waldmann 1999: Nachahmung mit begrenztem Erfolg. Zur Transformation des europäischen Staatsmodells in Lateinamerika. In: Wolfgang Reinhard (Hrsg.): Verstaatlichung der Welt? Europäische Staatsmodelle und außereuropäische Machtprozesse. München. Oldenburg, p. 53-68
Roberto Russell: The Image of the United States in Latin America. In: Reinhard; Waldmann (Hrsg.): Bd. II, pp. 977-985
Walter Bruno Berg: Die Vereinigten Staaten als Modell. In: ibid., pp. 986-998
Rolando Sánchez Serrano 1994: Comunidades rurales ante el cambio y la modernización. Desarrollo interno y participación comunitaria frente a la evolución actual. La Paz. CEBEM, p. 87 sqq., 103 sqq.
Salvador Romero Ballivián 2006: El tablero reordenado. Análisis de la elección presidencial 2005. La Paz. Corte Nacional Electoral
Samuel P. Huntington 1993: The Clash of Civilizations? In: FOREIGN AFFAIRS (Washington). Vol. 72 (1993), Nr. 3, p. 25, 48.
Santiago Castro-Gómez 1996: Crítica de la razón latinoamericana. Barcelona. Puvill
Sérgio Costa 2003: Derechos humanos en el mundo postnacional. En: NUEVA SOCIEDAD (Caracas). Nr. 188, November-Dezember 2003, pp. 52-65
Susana Rotker (Hrsg.) 2000: Ciudadanías del miedo. Caracas. Nueva Sociedad
Thomas Fillitz; André Gingrich; Gabriele Rasuly-Palaczek (Hrsg.) 1993: Kultur, Identität und Macht. Ethnologische Beiträge zu einem Dialog der Kulturen der Welt. Frankfurt. Verlag für interkulturelle Kommunikation
Tulio Halperin Donghi 1991: Geschichte Lateinamerikas von der Unabhängigkeit bis zur Gegenwart. Frankfurt. Suhrkamp
Tzvetan Todorov 1991: Les morales de l'histoire. Paris. Grasset-Fasquelle
Urs Bitterli 1976: Die „Wilden" und die „Zivilisierten". Grundzüge einer Geistes- und Kulturgeschichte der europäisch-überseeischen Begegnung. München

Alternative Modernitäten? Modernisierung und kulturelle Identität in Lateinamerika

Bernhard Irrgang

Kulturelle Identitäten wachsen in der Regel geschichtlich und sind soziale Konstruktionen, über die sich Völker selbst verstehen. Insofern ist mit ihnen Sinnkonstitution verbunden. Identitäten beschreiben kulturell codierte Gemeinsamkeiten, Selbstverständlichkeiten und Sicherheiten hinsichtlich unserer Identität, welche ein kulturelles Leben erst möglich machen. Identitätskrisen führen zu Verunsicherung und Orientierungslosigkeit. Lateinamerika bezog seine kulturelle Identität entweder aus der Lebensform und dem Ethos der Ureinwohner, der Indios, insbesondere aus den zivilisatorischen Hochformen, die die Inkas in den Anden oder mehrere Völker in Mittelamerika errichtet hatten, aus der gemeinsamen katholischen Religion – Spanisch ist die Sprache der meisten Katholiken in der Welt geworden – oder aus der gemeinsamen Sprache, die mit wenigen Ausnahmen – insbesondere Portugiesisch in Brasilien – Spanisch lautete. Aber Spanisch ist die Sprache der Eroberer und der Katholizismus ihre Religionen, die seit einem halben Jahrtausend von der Inferiorität der Ureinwohner ausgeht, die lange nicht als geeignete Grundlage der Ausbildung einer geeigneten kulturellen Identität galt.

Sprache und katholische Religion waren in der Tat lange Zeit tragende Pfeiler einer Primär- und Sekundärsozialisation in Lateinamerika. Sie waren die gesellschaftliche Grundlage für die Staaten des „Cono Sur", welche in der Tat nicht zuletzt wegen ihrer europäischen Herkunft am Reichtum partizipierten, die durch den Exportboom der ersten Globalisierungswelle hervorgerufen wurde, der in Argentinien so komfortabel war, dass dieses Land fast ein Jahrhundert leben konnte, bis es zum Wirtschaftskollaps kam. Auf der anderen Seite versanken immer mehr Staaten in Armut, in denen überwiegend indigene Bevölkerungsgruppen leben. Durch diese Konstellation wurden Zugehörigkeitsgefühle nicht gerade verstärkt oder sogar hervorgerufen. So wurde die an sich vorhandene gemeinsame Basis in der Geschichte, der Religion und der Sprache wie der Kultur nicht zum selbstverständlichen Ausgangspunkt einer gemeinsamen soziokulturellen Identität, sondern zunehmend zum Fragezeichen. Modernität war ein Leitbild wie westliche „Vorbilder". So war Globalisierung zunächst ein willkommenes Leitbild, verschärfte aber zunehmend die Identitätskrise, die sich bereits vorher abzeichnete.

1) In der Modernisierungsfalle?

Moderne wird verbunden mit Universalisierung, Vereinheitlichung, Standardisierung und europäischer Rationalität. Aufklärung und Industrialisierung gehen eine enge Verknüpfung ein. Es handelt sich um eine intellektuelle und um eine technische Rationalisierung, die von Foucault als Disziplinierung der europäischen Gesellschaft verstanden wird. Technischer und gesellschaftlicher Fortschritt ist zunächst eine Idee der europäischen Aufklärung, dann die leitende Utopie der US-Gesellschaft mindestens in der Zeit vor der Mitte des 19. bis in die Mitte des 20. Jahrhunderts. Für Lateinamerika bedeutet die Idee europäischer Aufklärung und Industrialisierung eine doppelt drohende Entfremdung einerseits durch Europa, andererseits durch Nordamerika. Die normative Kraft des westlichen Zivilisationsmodells lässt sich nicht leugnen. Sie erreicht ihren gegenwärtigen Gipfelpunkt in der amerikanisch orientierten weltweiten Jugendkultur, die im Entstehen begriffen ist. Sie basiert auf Rundfunk, Fernsehen, dem weltweiten Internet, dem Videoclip, sie manifestiert sich im Synthesizer und der E-Gitarre. Dies ist als die wirklich alternative Modernität zu begreifen, in deren Sog die Jugend in immer mehr Ländern gerät.

Die Geschwindigkeit gesellschaftlicher Transformation und Destruktion der Lebenswelten bei alten Kulturen hat ein ungeheures Ausmaß angenommen. Die Zerstörung der Lebensräume indigener Bevölkerung durch Staudämme, durch Abholzung, Straßenbau und andere Infrastrukturmaßnahmen hat zu einer ungleichen Entwicklung geführt, die die kulturelle Identität indigener Bevölkerungsanteile bedroht. Allerdings: Wenn ein Indigener ein Automobil, einen Fernseher usw. nutzt, hört er damit nicht auf, indigen zu sein. Die Missionierung in vergangenen Jahrhunderten als Teil der Kolonialisierung hat die kulturelle Identität der Indigenen wohl mehr verändert als die heute sich vollziehende technische Modernisierung. Dennoch führt auch Globalisierung zu einer Transformation der Kultur der Gesellschaft durch Technologisierung. Zentral für das Verhältnis von Moderne und Tradition sind die Stellung und die Bedeutung der indigenen Bevölkerung, die eine Anerkennung ihrer eigenen Autonomie fordert. Allerdings stellt sich die Frage angesichts der zurückliegenden Kolonialisierung in Lateinamerika, was indigen ist. Zugegebenermaßen gibt es Regionen in Südamerika, in denen der Anteil von Indigenen an der Bevölkerung noch erheblich ist. Diese sind insbesondere die Republiken, die in den Anden leben. Hier wohnen heute noch Angehörige eines ehemals hochstehenden Kulturvolkes, die durch die Kolonialisierung in ihrer eigenen religiösen Tradition betroffen wurden und eine andere Religion gelernt haben, wobei insgesamt dies zu Mischformen geführt hat. Daneben allerdings gibt es weite Regionen Lateinamerikas, in denen die indigene Bevölkerung tatsächlich kaum noch vorhanden oder in extremer Form marginalisiert ist.

So bedeutet Modernisierung eine Differenzierung in Landbevölkerung und Stadtbevölkerung, die in unterschiedlicher Art und Weise von der Technologisierung betroffen sind. Aber dies stellt kein neues Phänomen dar, sondern ist mindestens sechs- oder siebentausend Jahre alt. Immer schon war urbane Bevölkerung in höherem Maße von technischen Lebensformen geprägt als die Landbevölkerung. Aber die Agrarstufe schließt ebenfalls eine höhere technische Lebensform ein als die Jäger und Sammler. Insbesondere betrifft natürlich die letztere Gruppe die Technologisierung, weil sie in die Randgebiete der tropischen Regenwälder im Amazonasgürtel zurückgedrängt worden sind. Modernisierung führt also, wie jede Form der Technisierung, zu einer Gleichzeitigkeit des Ungleichzeitigen, nur in verstärktem Ausmaß. Das Leben in unterschiedlichen Technikstufen, aber auch das ist geschichtlich nichts Neues. In vielen Gesellschaften leben unterschiedliche Schichten mit unterschiedlichen technischen Lebensformen zusammen. Und auch in archaischen Gesellschaften war höhere technische Lebensform meist dem Adel oder den führenden Schichten vorbehalten. Insofern hat sich die Modernität bzw. die Modernisierung die Aufhebung dieser Ungleichzeitigkeit zum Ziel gesetzt. D. h. hohe technische Lebensformen für möglichst weite Bereiche der Bevölkerung. In diesem Zusammenhang kann von einem Scheitern der Moderne in vielen Entwicklungsländern gesprochen werden. Gerade die Landbevölkerung lebt nicht auf derselben technologischen Stufe wie die Stadtbevölkerung in Lateinamerika. Auf der anderen Seite führt das Recht auf kulturelle Vielfalt zur Anerkennung der Unterschiedlichkeit des Lebens in verschiedenen technischen Lebensformen, das Recht auf Eigenentwicklungen und auf eigene Stammeskulturen. Diese können aus einer Außenperspektive als Folklore abgetan werden und touristisch vermarktet werden.

Angesichts der technischen Modernisierung, verstärkt der letzten fünfzig Jahre, fragt man sich nach der kollektiven Identität in Lateinamerika. Traditionelle Weltbilder der klassischen Inkahochkulturen wurden zerstört oder sind erodiert. Leitbilder von damals haben ihre Gültigkeit verloren. In der Postinkazeit kam es zu einer Transformation von Hochkulturen in subalterne Bauernkulturen. Länder mit indigener Bevölkerung und praktisch ohne Wiederbelebung indianischer Vorstellungen in einer weitgehenden west- und südeuropäisch geprägten Gesellschaft finden sich in einer ganzen Reihe von lateinamerikanischen Ländern. Die Länder Europas, die Lateinamerika durch Kolonisation prägten, wurden selbst relativ spät von der Industrialisierung erfasst. Insofern ist die Form der Technologisierung durch Industrialisierung in Lateinamerika auf wenige Länder beschränkt. Dies führt in der Tat zu Problemen bei der Formulierung einer kollektiven Identität in Lateinamerika. Technologische Entwicklung ist vermutlich nicht der geeignete Indikator zur Formulierung eines kulturellen Selbstverständnisses in Lateinamerika. Auf der anderen Seite scheint es ebenfalls nicht möglich durch Rückgriff auf Kultur für ganz Lateinamerika eine einheitliche kulturelle Identität zu formulieren. Außerdem ist nicht zu verhehlen, dass es auch in Lateinamerika insofern zu einem Scheitern der Moderne kommt, als sich in vielfacher Form autoritäre staatliche Formen ausgebildet haben und noch in einigen der Länder mehr oder weniger diktatorische Regierungsformen herrschen. Große Unterschiede zwischen Armen und Reichen finden sich, eine anwachsende Verelendung und Zerstörung sozialer Strukturen und eine verbreitete Arbeitslosigkeit. Auch insofern kann von einem Scheitern der Moderne in Lateinamerika wie in vielen anderen Entwicklungsländern gesprochen werden.

Der Kulturbegriff baut in vielfacher Form auf technische Lebensformen auf. Das Problem in Lateinamerika wie in anderen Entwicklungsländern besteht in einer Modernisierung von außen. Sowohl die Idee der europäischen Aufklärung wie das Faktum einer globalisierten Industrialisierung sind Projekte, die in Lateinamerika selbst nicht entstanden sind. Die Versprechen der europäischen Aufklärung und der Französischen Revolution im Hinblick auf soziale Gerechtigkeit, individuelle Selbstverwirklichung, politische Freiheit und soziale Gerechtigkeit konnten für diese Länder nicht eingelöst werden. Möglicherweise zeigt sich hier ein immanenter Widerspruch oder Grundwiderspruch der Moderne selbst zwischen individueller Freiheit und sozialer Gerechtigkeit, die häufig genug auch in Europa selbst im Kollektivismus aufgelöst wurde. Das Leitbildtrio der Französischen Revolution als der paradigmatischen Revolution der Moderne von Gleichheit-Freiheit-Brüderlichkeit kann wohl nicht zugleich in spannungsfreier Form eingeführt und zu einem Ausgleich gebracht werden. Die Moderne ist also nicht besser als ihre theokratischen Vorgängerstaaten. Aber auch die indianischen Hochkulturen waren kein Paradies der Humanität. Die halb vollendete Individualisierung durch Modernisierung scheint in der Tat ein großes Problem für viele Entwicklungsländer zu sein. Aber eine posthumane Postmoderne ist ebenfalls wohl kein geeignetes Leitbild für die kulturelle wie technologische Entwicklung in Lateinamerika.

Für Andrew Feenberg ist das Schicksal der Demokratie eng mit dem Verständnis von Technologie verbunden. Er möchte Technologie vom ökonomischen Fetischismus befreien und plädiert für eine antiessentialistische Philosophie der Technik. Der Essentialismus versteht Technologie als etwas, das alles auf Funktionen und Rohmaterial reduziert. Demgegenüber hat der Konstruktivismus bestimmte Innovationen in die Technikphilosophie eingebracht. Ein Haus ist eine Maschine zum Leben, aber auch Teil unserer Lebenswelt. Unter Technokratie versteht Feenberg ein umfassendes bürokratisches System, das sich weit mehr durch wissenschaftliche Expertise als durch Tradition, Gesetz oder den Willen der Bevölkerung legitimiert (Feenberg 1999, 4). Feenberg interpretiert Heidegger und Habermas als zwei Seiten desselben technologischen Essentialismus. Beide gehen von einem sehr abstrakten Konzept technischen Handelns aus (Feenberg 1999, 15). Die Ereignisse in Paris im Mai 1968 lassen sich als Aufstand gegen die Technokratie verstehen. Die Studenten beriefen sich nicht auf klassische philanthropische Ideen der Wohlfahrt von sozial Unterdrückten (Feenberg 1999, 22-25). Sie forderten eine Demokratisierung der Erziehung (Feenberg 1999, 33) und ein Ende der technokratischen Teilung der Arbeit als Basis für ein radikal neues Modell einer sozialistischen Gesellschaft (Feenberg 1999, 39). Der zweite wichtige Gesichtspunkt für eine Philosophie der Technik ist der Erfolg der Umweltbewegungen in den frühen 70er Jahren. Als Grund für die ökologische Krise machten die einen die Überbevölkerung, die anderen die technikbedingte Umweltverschmutzung verantwortlich. Auf dem Grunde dieses Streites sind unterschiedliche Interpretationen der Natur von Technik zu identifizieren (Feenberg 1999, 45-47). Da das Bevölkerungsproblem mehr soziale als biologische Ursachen hat, brauchen wir hier eine soziale Lösung (Feenberg 1999, 55).

Immer größere Teile des gesellschaftlichen Lebens werden durch technisch vermittelte Organisationen strukturiert. Zu ihnen gehören Unternehmen, staatliche Organisationen, Gefängnisse und medizinische Institutionen. Technische und politische Hierarchie vermischen sich (Feenberg 1999, 75). Feenberg verweist auf Bruno Latours und Jean Baudrillards Hermeneutik der Technologie (Feenberg 1999, 84). Baudrillards Interpretation öffnet Technologie einer quasi literarischen Analyse. In der Tat sind Technologien Subjekt von Interpretationen in derselben Weise wie Texte, Produkte der Kunst und Handlungen, wie auch Paul Ricoeur aufgewiesen hat. Allerdings bleibt sein Modell im funktionalistischen Paradigma gefangen, insofern es an der Unterscheidung zwischen Denotation und Konnotation festhält. Technologische Entwicklung ist durch kulturelle Normen strukturiert, wie sie sich in der Ökonomie, der Ideologie, der Religion und der Tradition manifestiert. Technische Codes definieren ein Objekt in streng technischen Termen in Einklang mit der sozialen Bedeutung, die ein solcher technischer Code angenommen hat (Feenberg 1999, 85-88). Technik ist nicht nur ein Mittel zu einem Zweck, sondern technische Konstruktionsstandards definieren große Teile der sozialen Umwelt (Feenberg 1999, 97).

Die schwachen demokratischen Interventionen in die Technik sind durchaus symptomatisch. Technikentscheidungen ordnen sich dem Metaziel der Reproduktion operationaler Autonomie des technischen Systems unter (Feenberg 1999, 103). Roger Silverstone hat den kulturellen Ansatz auf die Technologie angewendet. Er entwickelte eine Theorie der Rezeption und Anwendung der Technologie im Haushalt (Feenberg 1999, 107). Die Demokratisierung der Technik hat Auswirkungen auf die Organisation der Arbeitsteilung und der technologischen Produktion (Feenberg 1999, 114). Zu berücksichtigen ist die interpretative Flexibilität der Technologie (Feenberg 1999, 126). Ein Demokratisierungsmodell ist die Beteiligung der Nutzer an der technischen Konstruktion (Feenberg 1999, 135). Feenberg entwickelt eine kritische Theorie der Technologie. Er fragt nach der Bedeutung der Technologie für die gesellschaftliche Entwicklung. Nach dem Zusammenbruch der Blöcke, nach dem russischen und chinesischen Kommunismus, nach islamischem Fundamentalismus und den sogenannten asiatischen Werten müssen wir nach einer neuen Ausrichtung der Gesellschaft suchen. Warum sollten wir dabei nicht auf das Konzept der Technologie zurückgreifen, wobei wir aber im Sinne von Feenberg nicht auf einen Essentialismus zurückgreifen sollten (Feenberg 1999, 189).

Heideggers Sicht der modernen Technologie stammt von außerhalb, von oben. Aus diesem Grunde findet sich bei ihm das Pathos des Sammelns und Entbergens. Von einem normalen menschlichen Standpunkt aus müssen wir aber von der Lebenswelt ausgehen, in der Menschen miteinander kommunizieren und erschließende Praktiken haben. Einer der größten Fehler in Heideggers Konzeption liegt darin, dass er der Technik unterstellt, sie sei wesentlich unfähig, ihre eigenen Grenzen anzuerkennen (Feenberg 1999, 197f.). Feenberg unterscheidet eine primäre und eine sekundäre Instrumentalisierung (Feenberg 1999, 202). Die primäre Instrumentalisierung im Sinne eines Funktionalisierens umfasst (1) eine Dekontextualisierung, in der technische Objekte künstlich von ihrem Kontext getrennt, sozusagen entweltlicht werden, (2) einen Reduktionismus, (3) eine Automatisierung, (4) eine Wechselwirkung, wobei der technisch Handelnde einen großen Einfluss auf die Welt, die Welt aber nur einen kleinen Einfluss auf den technisch Handelnden hat, und (5) eine Positionierung. Die sekundäre Instrumentalisierung umfasst die Realisierung. Diese enthält als Unterelemente (1) eine Systematisierung, (2) eine Mediatesierung, wobei ethische und ästhetische Elemente auf die technische Entwicklung einwirken und diese in einen sozialen Kontext einbetten, (3) Technik als Beruf. Der technisch Handelnde erscheint autonom nur insofern als seine Handlungen isoliert vom Lebensprozess betrachtet werden. Insgesamt gesehen verknüpft sich die Aufeinanderfolge seiner Handlungen zu einem Beruf, zu einer Kunstfertigkeit und zu einem Lebensstil, und (4) Initiative (Feenberg 1999, 202-207).

Die sekundäre Instrumentalisierung konstituiert eine reflexive metatechnische Praxis, die selbst zum Rohmaterial für höhere Formen technischer Handlungen wird. Dabei ist die Funktionalität technischen Handelns nicht so privilegiert in anderen Gesellschaften wie in der europäischen. Das Konzept der technischen Funktion separiert Technologie von Werten und von sozialen Kontexten und macht Ingenieure und Manager zu Funktionsgehilfen strategischer Rationalität. Dabei lassen sich ein technischer Pluralismus und eine technische Multikulturalität feststellen (Feenberg 1999, 211-218). Feenbergs Werk über Technikphilosophie und Philosophie der modernen Technologie stellt eine gute Einführung in eine Hermeneutik der technischen Entwicklung dar, die technische Entwicklung nicht nur gemäß einer Eigenlogik technokratisch konstruiert, sondern in einen kulturellen und sozialen Kontext stellt. Damit wird auch die Bedeutung der Technik für die politische und soziale Entwicklung deutlich. Wenn wir über eine gute Gesellschaft nachdenken und diskutieren, müssen wir uns dessen bewusst sein: Was Menschen sind und was sie werden, wird entschieden unter Rücksicht auf unsere technischen Werkzeuge.

Die These von dem Ende der Geschichte und die darin implizierte radikale Kritik der modernen Gesellschaft sind rein spekulativ. Die progressive Entwicklung der Technologie ist ein erzählerischer Mythos. Entfremdung ist ein veraltetes literarisches Konzept. Heilung und Rettung in der Ironie, nicht in der Revolution. Die erträgliche Politik auch auf der Linken ist Privatisierung, nicht Selbstmanagement. Worum es heute geht, ist, wie wir einen Glauben in die historischen Möglichkeiten technischer Zivilisationen ohne messianische Hoffnungen erhalten können. Können wir eine Industriegesellschaft errichten, basierend auf demokratischer Teilhabe, in der individuelle Freiheit nicht auf Marktfreiheit reduziert ist und in der soziale Verantwortlichkeit nicht durch Zwangsregulation ausgeübt wird. Die instrumentelle Theorie der Technik ist hier am weitesten verbreitet. Sie geht von der Neutralität der Technik aus. Die andere ist die substantielle Theorie der Technik. Die substantielle Theorie der Technik versucht uns bewusst zu machen, dass die Technik in ihrer Konstruktion willkürlich ist oder anders gesprochen, dass sie einen kulturellen Charakter hat (Feenberg 2002, 3-7).

Die politische Lösung der Probleme einer Begrenzung von Technik ist darauf aufzubauen, dass die modernen Gesellschaften das Resultat einer spezifischen Instrumentalisierung von Technologie darstellt. Auf der anderen Seite aber müssen wir versuchen, Modernität zu konzeptualisieren, die in Japan gemacht worden ist und nicht im Westen. Hier geht es also um die Forderung eines kulturspezifischen Verständnisses von Technologie (Feenberg 2002, 10f). Die kritische Theorie der Technologie sollte zwischen Resignation und Utopie angesiedelt werden. Die kritische Theorie argumentiert, dass Technologie nicht ein Ding im gewöhnlichen Sinne bzw. Alltagsverständnis ist, sondern ein ambivalenter Prozess der Entwicklung, der zwischen verschiedenen Möglichkeiten ausgespannt ist. Technologie ist ein multistabiles System. Und es gibt verschiedene technische Entwicklungspfade. Die Interpretation, die die Doppeldeutigkeit der Technologie berücksichtigt, öffnet eine Theorie der technischen Politik, die dazu besser in der Lage ist Einsicht zu geben in die gegenwärtige Welt als der Substantivismus, der undenkbare Positionen in der strategischen Perspektive im Hinblick auf die Technologie einnimmt und ihre lebensweltliche Rolle ignoriert. Der Aufstieg einer Kultur der Verantwortlichkeit würde nichtökonomische Institutionen und geschlechtliche Rollen genauso wie Arbeitsplatzverständnis umfassen (Feenberg 2002, 13-17).

Die Technologie gibt einen materialen Rahmen für die Entwicklung von Modernität vor. Wir haben einige Kontrollmöglichkeiten über unsere eigene Form der Humanität. Das kulturelle Leben hat auch unser Verständnis für humane Erfüllung letztendlich geschärft (Feenberg 2002, 19). Eine wichtige Aufgabe einer kritischen Theorie der Technologie ist die Rekonzeptualisierung des Sozialismus (Feenberg 2002, 24). Die Alternativen radikaler Art betreffen z. B. den Posthumanismus. Feenberg glaubt, dass die an der Kontrolle orientierten Zuschreibungen der Technologie die sowohl in der kapitalistischen wie in kommunistischen Gesellschaften bevorzugt wurden, nicht die Möglichkeiten von Technologiegestaltung erschöpfen (Feenberg 2002, 35). In der Position von Karl Marx findet sich ein tiefer Widerspruch: Als eine Kritik des Kapitalismus zeigt der Marxismus, dass Politik und Technologie unwiderruflich verknüpft sind, allerdings ist sein Konzept des Sozialismus nicht in der Lage diese Verbindung zu berücksichtigen. Marcuses Analyse der Eindimensionalität und Foucaults Geschichte der disziplinierenden Macht helfen hier die Einsichtigkeit von Marx Position zu überwinden. Marx erschuf einen Marxismus indem er die philosophische Kritik der Entfremdung mit den Zielen der Arbeiterbewegung verband (Feenberg 2002, 37-39).

Marx ordnet die Klassen Antagonismen der Technologie selbst zu. Kapitalistische Interessen kontrollieren die tatsächliche Konstruiertheit der Technologie gemäß Marx' Interpretation von Innovation. Marx hält seine Unterscheidung zwischen dem Technischen und dem Sozialen an der Entwicklung einer Gesellschaft letztlich nicht durch. Technologischer Fortschritt fördert eine generelle Nützlichkeit, die konkrete Form, in der die technologischen Fortschritte realisiert wird, ist durch und durch determiniert durch die soziale Macht, unter der dieser Fortschritt stattfindet. Eine so verstandene Technologie verstärkt Interessen der gesellschaftlichen Mächte, die sie befördern. Die Evolution der Technologie kann nicht länger betrachtet werden als autonomer Prozess, sondern er muss in Interessen und sozialen Kräften fundiert werden (Feenberg 2002, 47-49). Für Marx geht die Notwendigkeit einer sozialen Revolution über in eine Notwendigkeit einer politischen Revolution. Die sozialistische Revolution ist ein bewusst vollzogenes Projekt. Der Kontrast zwischen einer politischen und einer sozialen Revolution führt uns zu dem Gedanken, dass es Unterschiede des Subjektes gibt und so Entfremdung auch ein differenziertes Projekt sein muss. Es hängt ab von den menschlichen Bedürfnissen. Aber zu allen Zeitpunkten seiner Karriere hatte Marx keine definitive Idee, was Subjektivität umfasst (Feenberg 2002, 55). Weder die Arbeit von Marx noch die von Engels noch die von Lenin enthält eine befriedigende Theorie der Ambivalenz der Arbeitseinkünfte in dem kapitalistischen System. Einkommen wird angesehen als Verknüpfung der kapitalistischen Ökonomie mit dem technologischen Erbe (Feenberg 2002, 59).

Die soziotechnische Transformation der Gesellschaft kann nicht in instrumentellen Kategorien interpretiert werden, denn die sehr spezifische Art und Weise, wie Technologie im instrumentellen Sinn wirkt, ist noch einmal zu transformieren. Die eingebettete technologische Basis in der Schaffung einer neuen Republik des Könnens und der Könnerschaft ist zu berücksichtigen. Und selbst die Arbeitsteilung muss nicht in jedem Falle negativ sein. Technologien kompensieren soziale und technische Funktionen. Die Kondensation sozialer und technischer Determinanten tendiert mehr und mehr dazu so auszusehen, als ob sie die eigentliche Definition von Rationalität abgeben könnten. Die Macht des Wissens ist ein Netzwerk von sozialen Kräften und Spannungen, in dem jedermann als Subjekt und Objekt einer Gesellschaft eingebunden ist. Wahrheit und Macht sind nicht zwei unabhängige Dinge, die sich zufällig im Moment der Anwendung treffen (Feenberg 2002, 63-68). Der technische Code führt zu verschiedenen Ansichten der Theorie. Der Kapitalismus befreit sich selbst von seinen Grenzen zu einem unvorhersehbaren Grad der Freisetzung der Arbeitskraft und der Marktkraft, die zu einer Atomisierung des Individuums führen, viel stärker als Gefängnisse oder Asyle, die von Foucault unter diesem Gesichtspunkt untersucht wurden. Der technische Code hat eine soziale und eine ontologische Bedeutung in der Gesellschaft bekommen in der die Herrschaft basiert auf der Kontrolle der Technologie (Feenberg 2002, 75-77).

In dem Fall von gewaltartigen technischen Arrangements ist die bewertete Gewalt nicht so, als dass sie von der Regierung ausgeht und den rationalen Kitt der Subsysteme einer Gesellschaft als Ganzes ausmachen können. Die Essenz formaler Gewalt liegt in der Wahl des Zeitrahmens, des Ortes und der Art und Weise in der technische Systeme eingeführt werden und dann die Gesellschaft dominieren trotz ihrer relativ neutralen Elemente. Technik und ihre Struktur wird zum Vorurteil. Die modernen Ideen des Widerstandes sind ursprünglich geformt in der politischen Sphäre viel eher als in der Reflektion der dialektischen Art und Weise technologischer Entwicklung sowohl im Hinblick auf Subjekte wie technische Mittel (Feenberg 2002, 81-83).

Andrew Feenberg versucht einen Weg zu finden, der hinter die Dilemmata der Entwicklung greift. Für Andrew Feenberg ist das Dilemma der Entwicklung darin zu sehen, wenn zwei der höchsten Werte bzw. Leitbilder, die von einer Entwicklungsstrategie verfolgt werden im öffentlichen und privaten Leben sich wechselseitig ausschließen (Feenberg 2002, 133). Die marxistische Schwerpunktlegung auf den technologischen Determinismus wird als eines der wesentlichen Argumente für die Unmöglichkeit des Marxschen Wegs zu einer sozialistischen Welt angesehen. Der demokratische Sozialismus impliziert einen Fortschritt zivilisatorischen Wandels, der komplexer ist, als all das andere, was wir normalerweise unter den Auspizien der Politik anstreben würden (Feenberg 2002, 137). Theorien alternativer Technologie versuchen einen neuen technischen Code zu entwickeln, der uns zu einer neuen Art der Konstruktion für zukünftige Technologie führt. Er geht davon aus, dass technologische Entwicklung sozial determiniert ist (Feenberg 2002, 141). Eine solche Position geht ebenfalls von einer ethischen Ausrichtung der Ökonomie aus. Die unterschiedliche Bewertung zwischen Kapitalismus und Kommunismus macht sich an den Begriffen der Innovation fest. Dabei sind die kommunistischen Erfahrungen der Innovation nicht vollständig negativ. Sie beschränkten sich allerdings auf eine andere Art der Innovation. In den Systemen von Russland und China gingen die Innovationen von der Arbeiterklasse aus, nicht von einer Klasse von Ingenieuren und Konstrukteuren. Das sowjetische System bevorzugte Verbesserungsinnovationen (Feenberg 2002, 157). Diese brachten Arbeitserleichterungen, führten aber nicht zu einer vollständigen Umorientierung der technisch-ökonomischen Entwicklung.

Die kritische Entwicklung der Theorie entwickelt eine Kritik der wissenschaftlich-technischen Rationalität. Für diese sind Rationalität und Herrschaft zwei Worte für dieselbe Sache. Für eine solche Theorie muss Technoscience eine andere Orientierung bekommen. Sie muss sich an den Folgen von Technoscience und ihrer Rationalität orientieren. Auch die Instrumentalisierungstheorie muss differenziert werden. Es bleibt zu unterscheiden zwischen erster und zweiter Instrumentalisierung. Die erste Instrumentalisierung liegt in der technischen Ausrichtung gegenüber der Realität, die Heidegger als eine Art und Weise der technologischen Entbergung der Realität beschrieben hat. Diese totale Interpretierung von Natur ausschließlich unter Ressourcenaspekten ist zu unterscheiden von Einzelinstrumentalisierung, die von der Technik immer schon unternommen worden sind (Feenberg 2002,175). Kritisiert wird also der technologische Holismus, der allumfassend geworden ist. Feenberg schlägt daher vor, Natur als Horizont der technologischen Entwicklung wieder in den Blick zu bekommen, um die Dialektik des technologischen Fortschritts in den Griff bekommen zu können (Feenberg 2002, 190).

Rationalisierung hängt ab von weiten Feldern moderner Entwicklung, die als Differenzierung der Gesellschaft beschrieben werden. Nur das Konzept technischer Rationalität wird angenommen, Modernität von ihren implizit-positivistischen Unterstellungen zu befreien. Es ist dieser implizite Positivismus, der Modernitätstheorien in den Irrtum führt, anzunehmen, dass Differenzierung die allein rationale Form in soziale Prozesse einträgt, wenn allerdings in der Tat, wie Technologiestudien beweisen, Technologie sozial durch und durch ist. STS-Studien können uns helfen zu vermeiden, Rationalität als eine substantielle Realität zu hypostasieren, die verantwortlich ist und allein ihrer eigenen Logik folgt. Unterstellt wird, dass ein großer Graben für immer vormoderne Gesellschaften von modernen Gesellschaften unterscheidet und trennt. Die Behauptung einer radikalen Diskontinuität in den Texten über Modernität impliziert mehr als eine Theorie der Gesellschaft. Wie Marx so schreibt auch Kuhn manchmal über Revolutionen in diesem Sinne einer radikalen Geschiedenheit. Auch Kuhn dekonstruierte die Idee eines universalen Standards von Rationalität. Betrachten wir die Implikationen der Technologiestudien für die Formulierung des Begriffs des Fortschritts, so kommt es zu Relativierungen. Wenn Kuhns Relativismus die Macht hat, die Selbstsicherheit von Wissenschaft und Technik aufzulösen, was bleibt dann noch übrig für den Begriff der rationalisierten Gesellschaft (Feenberg 2003b, 74-79)?

2) Modernisierung und Aufklärungsphilosophie

Klassische Modelle technisch-ökonomischer und sozialer Entwicklung waren häufig kausalistisch-linear oder dialektisch und verwendeten ein universalgeschichtliches Geschichtsschema. In diesem Interpretationshorizont lassen sich gemäß den Dependenztheorien gesellschaftlicher Entwicklung die ökonomischen Verhältnisse in den Entwicklungsländern direkt aus ihrer kolonialen Vergangenheit erklären und gemäß klassischen Modernisierungstheorien daraus verstehen, dass die ökonomisch-technischen Verhältnisse der vorbildlichen Industrienationen noch nicht erreicht wurden. Diese Konzepte scheiterten an ihrem ökonomischen Reduktionismus, an ihrem kapitalistisch-antikapitalistischen ideologischen Horizont sowie an ihrem zu linear gedachten Geschichtsmodell auch in ihren dialektischen Varianten. Das Modell technisch-ökonomischer

Entwicklungspfade (Irrgang 2002b) geht von der Einsicht in die konstitutive Bedeutung des geschichtlich Vorhandenen in seiner von vielen Zufälligkeiten durchzogenen Gewordenheit und in seiner konstitutiven kulturellen Eingebettetheit aus. Die materialen und die interpretatorischen Dimensionen menschlicher Praxis stehen in vielfältigen Wechselbeziehungen zueinander und sind abhängig sowohl von den vorhandenen Kompetenzen wie Traditionen. Nur in diesem Horizont lässt sich Neues im Bereich menschlich-materialer Praxis (etwa der Technik) oder ihrer Interpretation in kulturellen oder normativen Kontexten verstehen und nachvollziehen.

Angesichts der These einer Dialektik der Aufklärung und der klassisch-ökonomischen Modernisierungstheorien sollte eine moderne Aufklärung nach der Aufklärung die Geschichtlichkeit und Pfadabhängigkeit der Aufklärung wie der Technikentwicklung erkennen. Die kulturgeschichtlichen Einwirkungen auf die technische Entwicklung sind enorm. Daher hat eine geisteswissenschaftliche Analyse technischer Entwicklung nicht nur die Konstruktionsgesetze technischer Artefakte zu rekonstruieren, sondern den Handlungssinn (oder -unsinn) von Formen des Umgangs mit technischen Medien zu bestimmen. Dazu ist es erforderlich, leitende Ideen, Weltanschauungen und Leitbilder zu untersuchen, die technischen Handlungen Sinn verleihen sollen. Nicht durch die technische Entwicklung selbst, auch nicht durch den Umgang mit technischen Medien kann über die Legitimität technischen Handelns entschieden werden, sondern im Hinblick auf die Bestimmung und die Ziele technischen Handelns und technischer Entwicklungspfade. Diese liegen aber in der Regel für technische Entwicklungspfade nicht im Vorhinein vor, sondern konstituieren sich im technischen Handeln. Allein eine Reflexion der Theorie, sei es der Aufklärung, sei es der technischen Entwicklung, reicht nicht aus, die in der technischen Entwicklung implizierten philosophischen und ethischen Probleme angemessen zu verstehen (Irrgang 2001a; Irrgang 2002a; Irrgang 2002b).

Ein Problem stellt der Entwicklungsbegriff bzw. der Begriff der Modernisierung dar. In ihm verschmelzen wie im Begriff der Kultur- und der Geschichtsphilosophie normative und deskriptive Elemente. Insbesondere problematisch ist der normative Entwicklungsbegriff. Minimal und negativ ausgedrückt, sollte es jeder Entwicklung zuallererst darum gehen, das menschliche Leid in all seinen Formen soweit wie möglich zu überwinden. Positiv ausgedrückt, sollte Entwicklung zum Ziel haben, schrittweise die Bedingungen zu schaffen, die es Individuen erlaubt, ein Leben zu führen, das frei von Armut ist, in dem also ihre Grundbedürfnisse nach Nahrung, Kleidung, Wohnung, ärztlicher Versorgung und schulischer Grundausbildung gesichert sind (Magnis-Suseno 1990, 29f). Die Verteidiger der Moderne bestehen auf der moralischen Bedeutung einer Fortsetzung der Emanzipation, die in der Zeit der Aufklärung begann und in einigen Erdteilen heute immer noch im Gang ist (Toulmin 1994, 279). Heute können wir uns weder an die Moderne in ihrer historischen Form klammern noch sie völlig ablehnen. Aufgabe ist vielmehr, unsere vererbte Moderne zu reformieren, ja richtig wieder herzustellen, indem wir sie humanisieren und dabei eine Naturphilosophie entwickeln, die auch ökologischen Belangen gerecht wird. Dazu muss die Einsicht wachsen, dass die Natur nicht einfach aus neutralen Hilfsquellen besteht, die wir zu unserem Nutzen ausbeuten können, sie ist ebenso auch unsere Wohnung (Irrgang 1996b).

„Moderne" im Sinne der Aufklärung umschreibt Werte wie Freiheit, Individualität, Selbstbestimmung, Menschenwürde, Toleranz und Vernunft. Gegenmoderne, wie zunächst in der Romantik formuliert, steht für Gemeinschaft, Tradition, Religion und Moral als Politik. Die Industriegesellschaft des späten 19. und des 20. Jahrhunderts ist gekennzeichnet durch technischen und ökonomischen Fortschritt, durch Wachstum, Funktionalität, Materialität und Prosperität, während die Stufe der reflexiven Moderne, die sich am Ende des 20. Jahrhunderts abzuzeichnen beginnt, charakterisiert ist durch Bewusstsein der eigenen Grenzen, Interesse für das Andere, Erhaltung der Natur und technologische Innovation, Anerkennung fremder Traditionen und Koexistenz mit dem Anderen. Andererseits hat Modernisierung Kolonisation, Kulturabbau und erzwungene kulturelle Anpassung hervorgebracht (Young 1995, 172).

Die Rücknahme traditioneller Modernisierungskonzepte zielt nicht auf Abschaffung von Modernisierung, sondern auf die Erhöhung technischer Kompetenz im Kontext der Erhöhung kultureller und sozialer Kompetenz. Modernisierung in Europa basierte häufig auf Traditionskritik, die neue Modernisierung sollte in Schwellen- und Entwicklungsländern nach Einbettungsstrategien suchen. Statt Fortschrittsglaube undifferenziert zu verkünden, ist eine Sensibilisierung für Zukunftsfragen empfehlenswert, die Einordnung in eine Perspektive der Langzeitverantwortung, die ganz konkret auch als Verantwortung für zukünftige Generationen angesprochen werden kann. Viele, die im Westen den Glauben an den technischen Fortschritt und die technologische Modernisierung verloren haben, glauben noch an die kulturelle Dimension westlicher Modernisierung und weisen auf die Notwendigkeit eines Ethiktransfers bzw. eines Kulturtransfers in Menschenrechtsfragen hin. Modernisierungsgesichtspunkte implizieren so eine Forderung nicht nur nach einer nachholenden Industrialisierung, sondern auch nach einer nachholenden Aufklärung. Allerdings erscheint angesichts der Bedeutung von traditioneller Religiosität in Entwicklungsländern die Forderung nach Weckung eines traditionseingebetteten Verständnisses von Modernisierung viel plausibler. Diese setzt auf Ausbildung von Kompetenzen zur Wahrnehmung von Zukunftsaufgaben, wobei nicht unerhebliche Schwierigkeiten insbesondere bei der indischen Religion zu erwarten sind. Allerdings erscheint bei der Offenheit dieses religiös-kulturellen Grundsystems einer Tradition die Hoffnung nicht ganz unberechtigt, dass eine Öffnung für das Bewusstsein einer Realisierung von Zukunftsverantwortung noch wichtig werden könnte.

Die traditionelle Theorie technisch-ökonomischer Entwicklung erklärte alles mit dem Wettbewerb. Eine unumgängliche Vorbedingung für die Erforschung der Entwicklungsdynamik ist aber eine befriedigende Theorie des Zugangs zu den Prozeduren und der Direktion und Ausrichtung technischen Wandels. Eine präzise Studie der allgemeinen Bedingungen, die exogenen und endogenen technischen Fortschritt konstituieren, analysiert das Hervortreten des neuen technologischen Paradigmas, das exogenen Wandel hervorruft. Es gibt einen technischen Fortschritt gemäß dem entsprechenden Entwicklungsleitbild, welches dieses technologische Paradigma definiert (Dosi 1984, 1-6). Im Hinblick auf die Bestandteile innovativer Prozesse, Innovationstrends und ihre Determinanten gibt es die Nachfragesogtheorie und die technologische Anstoßtheorie. Marktkräfte wurden als die Hauptdeterminanten technologischen Wandels angesehen. Dabei gingen Nachfragetheorien vom Bedürfnis bzw. Konsumenten oder Nutzer bzw. von Nützlichkeitsfunktionen aus. Gemäß diesen Theorien konnte man a priori wissen, ob eine Innovation Erfolg haben wird oder nicht. Damit konnten die kleineren bzw. größeren technologischen Durchbrüche verstanden werden. Auch Bedürfnisse erklären den Erfolg nur selten. Der Angebotsdruck unterstellt den Markt als Determinante für Innovationen. Theorien des Angebotsdruckes und des Nachfragesoges können aber den Zeitplan von Innovationen nicht erklären. Der technologische Druck und die Bedeutsamkeit ökonomischer Faktoren müssen noch geklärt werden. Insgesamt sollte eine eindimensionale Konzeption von Wissenschaft, Technologie und Produktion vermieden werden. Bei der Erklärung innovativer Effekte spielen wissenschaftlicher Input, die Komplexität von Forschung und Entwicklung, eine signifikante Korrelation zwischen diesbezüglichen Anstrengungen und innovativen Ergebnissen, die Bedeutsamkeit eines Lernens durch Tun, die institutionelle Formalisierung von Forschung eine anwachsende Rolle. Technischer Wandel passiert nicht zufälligerweise. Die Richtung technischen Wandels ist oft definiert durch den Stand der Kunst bzw. durch den Stand der Technik, den Technologien bereits im Gebrauch erreicht haben. Tatsächlich ist die Funktion des erreichten technologischen Levels bzw. Niveaus wichtig. Mit der Konzeption der Entwicklungspfade für Produkte und Prozesse haben wir ein erstes Modell der Determinanten und der Ausrichtung technologischen Wandels gefunden (Dosi 1984, 8-12).

Das wissenschaftliche, das technologische und das ökonomische System greifen ineinander in der Konstitution eines Entwicklungspfades. Die Erfahrung früherer Versuche geht in die Formulierung und in den Erfolg eines neuen Paradigmas ein. Es gibt Ähnlichkeiten zwischen dem Begriff des Paradigmas in Wissenschaft und Technologie. Der technische Fortschritt wird mit Bezug auf ein bestimmtes technologisches Paradigma definiert. Daher darf die technologische Entwicklungslinie als Merkmal der normalen Problemlösungsaktivität (Fortschritt) auf Grund eines technologischen Paradigmas (Ziele von Entwicklungspfaden) dienen. Diese technologischen Paradigmen sind positive und negative Heuristiken für technisches Problemlösungsverhalten. Der höchste technische Level, das technische Niveau beschreibt die technologische Grenze. Technische Entwicklungspfade werden durch kumulative Effekte konstituiert.

Ein Vergleich von technologischen Pfaden vorab ist nicht möglich (Dosi 1984, 13-18; Irrgang 2002b).

Kulturvergleiche weisen ebenfalls eine Reihe von Schwierigkeiten auf. Die Ethnologie ist als Wissenschaft vom kulturell Fremden im 19. Jahrhundert als Kind der Aufklärung und des Kolonialismus entstanden. Wie können fremde Kulturphänomene mit den eigenen Wahrnehmungskategorien angemessen erfasst werden? Dies ist eine der leitenden Fragestellungen dieser wissenschaftlichen Disziplin, die auf Beobachtung und Befragung beruht. Die Fundamente von Anthropologie und Ethnologie sind erschüttert. Die traditionelle Feldforschung ist an ihre Grenze gekommen. Es ist eine Krise der ethnografischen Repräsentation auf Grund der Auflösung des Gegenstandes der klassischen Anthropologie und Ethnografie auf Grund von Vermischung und Globalisierung festzustellen. Insofern kann von einem gewissen Anachronismus der Ethnologie ausgegangen werden. In dieser Situation kann eine Verknüpfung von Ethnologie und Cultural Studies helfen (Niekisch 2002, 7-9).

Die Aufklärung entwarf das Bild des Fremden und inszenierte Menschenzoos mit Eingeborenen. Die Zurschaustellung der offensichtlichen Rückständigkeit der kolonialisierten Völker diente als Legitimation der Zivilisierung. Die moderne Ethnografie und Anthropologie grenzt sich von positivistischen und szientistischen Ansätzen ab. Heute wird in zunehmendem Maße Kultur medial vermittelt. Insofern ist ein nicht so stark lokalisierendes Vorgehen erforderlich (Niekisch 2002, 69-88). Die Globalisierung verändert das Untersuchungsfeld des Ethnografen. Hochkultur und Alltagskultur vermischen sich. So wird die Überwindung dualistischer Anschauungen empfohlen. Essentialistische oder substantialistische Kulturkonzepte geraten ins Hintertreffen. Dennoch erforscht die Ethnologie das kulturell Fremde, verknüpft es aber mit Elementen der Kulturanalyse (Niekisch 2002, 93-96). Kultur ist ein symbolisches Universum, ein integriertes System von Glaubensinhalten über Gott, Realität oder über das letzte Ziel, von Werten, von Gebräuchen und Gewohnheiten, wie man sich verhalten soll, welche Beziehungen man zu anderen haben soll, wie man redet, betet, sich anzieht, arbeitet, spielt, Handel treibt und speist usw.. Kultur umfasst Institutionen, die Glaubensinhalte, Werte und Gewohnheiten ausdrücken, z.B. Regierungen, Gesetze, Rechtssysteme, Gotteshäuser, Kirchen, Familien, Schulen, Krankenhäuser, Fabriken, Geschäfte, Vereinigungen, Clubs usw. repräsentieren, die eine Gesellschaft zusammenbinden und ihr einen Sinn von Identität, Würde, Sicherheit und Kontinuität verleihen (Adeney 1995, 16).

Die Moderne als soziale, kulturelle und technische Konstruktion des aufklärerischen Europas und seiner Geschichtsphilosophie, in der insbesondere in Frankreich Wissenschaft und Technik zum Indikator, Maßstab und Kriterium gesellschaftlichen Fortschritts wurden (Irrgang 2002b), Natur als Ressource im Zusammenhang eines Konzeptes von nützlichen Wissenschaften sahen (Irrgang 2002c), Kant seinen Begriff von Menschenwürde und Weltbürgertum entwickelte, sich Philosophie insbesondere in Frankreich als Emanzipation von der

Religion verstand und sich nicht nur die „Dialektik der Aufklärung" vorbereitete, sondern auch ein Konzept kritischer und selbstkritischer, korrekturoffener und pfadabhängiger Vernunft entwickelte (Irrgang 1982) verknüpfte Vernunft mit Technik und verband diese mit einem Interesse an anderen Kulturen, welche schwärmerische Verehrung der fremden Weisheit und Güte und hochmütige Verachtung und Kolonialisierung des Primitiven einschloss. Aufklärung war mehr als Handlanger der industriellen Revolution, immerhin Wegbereiter für die Aufwertung von Konsum, kommerzieller Gesellschaft, nützlicher Technik und einem Vernunftverständnis, welches sich immer mehr mit Wissenschaft und Technik verknüpfte. Das aufklärerische Interesse für Reiseliteratur, das Ausgreifen auf das Fremde und das Interesse an fremden Völkern – zugegebenermaßen verbunden mit Kolonialismus und Unterdrückung – führte zu ersten Konzepten einer kulturellen Globalisierung, wobei diese nur im Sinne des Herrschaftsparadigmas zu betrachten, zu grobschlächtig sein dürfte.

Modernisierungsprozesse beginnen schon vor der Aufklärung. Die "Querelle des Anciens et des Moderni" war ein entscheidender Einschnitt in der Diskussion und ist geeignet, um technische und naturwissenschaftliche Modernisierung charakterisieren zu können. In ihr verlangten die Modernen einen systematischen Vergleich zwischen den Bestrebungen der alten und der modernen Zeiten auf verschiedenen Feldern menschlicher Unternehmungen und entwickelten somit ein Klassifikationsmodell von Wissen und Kultur, das in vielfältiger Form angepasster war als die antiken oder mittelalterlichen Modelle. Zweitens wurde deutlich gemacht, dass die Intentionen der Alten und der Modernen auf verschiedenen Feldern im Hinblick auf menschliche Einsicht lagen. Der Rückgriff auf die mathematischen und experimentell-instrumentellen Methoden implizierte einen Fortschritt der Modernen gegenüber den Antiken im Hinblick auf klare Demonstrationen, während in anderen Bereichen, z.B. im Hinblick auf die Ästhetik, die Verdienste der mathematischen Methode beschränkt blieben. Sie entwickelten damit ein Modell künstlerischer Subjektivität. So gab es in der "Querelle" zum ersten Mal eine klare Unterscheidung zwischen Künsten und Wissenschaften und eine Entscheidung, die die Antike und das Mittelalter oder die Renaissance keineswegs impliziert hatten. Perrault setzt dem Konzept der schönen Künste das traditionelle Konzept der freien Künste entgegen und er weist das Letztere zurück (Kristeller 1951, 527). Damit ist die Trennung vollzogen und der Weg in die "Zwei Kulturen" im Sinne der Neuzeit angefangen.

In dem Begriffspaar antiqui/moderni kommt es allgemein zur Entgegensetzung von Altem und Neuem, wodurch das Modell des Epochenwandels beschrieben wird. Diese Entgegensetzung geht bereits auf die antike Philosophie zurück, wobei zuerst bei Tacitus das darin implizierte Geschichtsbild reflektiert wird. Dabei kommt es in der Spätantike unter den Leithorizont des Christlichen zu einer Ablösung einer naturhaft-zyklischen Vorstellung vom Geschichtsverlauf durch ein Fortschritts/Dekadenz-Modell. Die Diskussion um die antiqui/moderni markiert die Epochenschwelle zwischen Klassik und Aufklärung in

Frankreich und entzündet sich an der Diskussion um das relative Maß des Schönen, wie er im beginnenden Historismus der Aufklärungsphilosophie sich manifestiert (Jauss 1971, 410).

Die Ankläger der Neuen, der "moderni", sprechen von einem Verfallsprozess. Dies ist eine Konstante in der Geschichtsphilosophie. Der Begriff der Modernitas wird ab 1075 neu geprägt und die Renaissance hat den Gegensatz von Modernen und Altertumsverehrern von einem Gegensatz zu einer großen welthistorischen Antithese erweitert. Sie prägte den Begriff der humanistischen Moderni, also der Neuerer gemäß dem Leitbild des Humanismus. Die humanistischen Moderni verstanden sich als Nachahmer, aber auch als Überbieter des antiken Vorbilds. Beteiligt waren an der "Querelle" Fontenelle 1688, der von einem Fortschritt durch die Zeit ausging. Sein Kontrahent war Perrault mit seinem Werk "Parallelen zwischen dem Älteren und den Neueren", 1688-1697 in fünf Dialogen herausgegeben. Die Konsequenz des Streites war die ungewollte fortschreitende Relativierung der Standpunkte. Dies führte im 18. Jahrhundert zu einer Trennung der Künste und der Wissenschaften unter Verselbständigung des Systems der schönen Künste. In Deutschland plädieren für die Eigenständigkeit der Kunst insbesondere Gottsched und Winkelmann (Jauss 1971, 413).

Was in der „Querelle“ beschrieben wurde, war die Entstehung neuzeitlicher Wissenschaft und Technik in Europa, verstanden als das ganz Andere. Wissenschaft und Lebenswelt geraten in einen Gegensatz, werden zur Antithese. Die „Moderni“ gaben ihren Namen dafür im Sinne technisch oder wissenschaftlich motivierter Modernisierungsschübe:

(1) Die Entstehung experimenteller Naturwissenschaft;

(2) Industrielle Revolution (Automatisierung der Produktion; Entwicklung der Dampfmaschine);

(3) Laboratoriumswissenschaften;

(4) Angewandte Naturwissenschaften, große technische Systeme; Technisierung der Alltagswelt

(5) Wissenschaftlich-technische Revolution.

Verbunden mit Modernisierungsschüben waren jeweils Erhöhungen des technischen Niveaus über das handwerkliche Paradigma hinaus und eine Herausforderung des philosophisch-humanistischen Denkens, welches sich nicht einfach in der Interpretation traditioneller Texte und vorbildlicher Ideale sich erschöpfen durfte, da nun Wissenschaft und Alltagswelt sich im Gegensatz befanden genauso wie Technik und Alltagswelt. Erst mit der Technologisierung der Alltagswelt und der Konsumorientierung wird der Gegensatz aufgelöst, allerdings wird die Alltagswelt in einer Weise transformiert, dass sie mit der in sich entwickelnden Ländern kaum noch vergleichbar ist. In vielfacher Form nahm die europäische Philosophie die Herausforderung an und dachte über Technik, Wissenschaft und Mensch nach. Sie erhöhte damit den Komplexitätsgrad einer an Anthropologie orientierten Humanität. In der technokratischen Interpretation (technische Macht als Beherrschung und Unterdrückung) führt dies zu einer größeren Isolation des europäischen Menschentums. In der humanistischen Interpretation ist der Ausgleich unterschiedlicher technischer Niveaus eine Frage der Ethik. Beide Positionen sollten bedenken, dass Innovationen Folgelasten hervorrufen und dass häufig nicht intendierte und unerwünschte Folgen auftreten.

Inzwischen ist Technik in der technischen Modernisierung selbst zum Leitbild geworden. Technik, Technologie und Technoscience haben sich zur dominanten Leitkultur entwickelt. Der Umgang mit Technik und Wissenschaft wird mit jedem Modernisierungsschub technischer. Dies erleichtert den Technologietransfer, während falsche kulturelle Einbettungen – z.B. Technologietransfer als Neokolonialismus – ihn erschweren oder gar verhindern, nicht immer zum Nutzen der Empfängerländer. Wurde früher Technik eingebettet, so ist Technik heute selbst zum Einbettungsfaktor geworden. Damit hat durch Tradition gekennzeichnete Kultur an Bedeutung verloren. Technologische Modernisierung war in der Entwicklung der frühen Industriestaaten (England, Mitteleuropa, USA) eingebunden in einen Aufklärungskontext, später in den einer instrumentellen Rationalisierung. Der Erfolg des Internets und der Informationstechnologien in Indien, China und Lateinamerika zeigt, dass für den Transfer westlicher Technologie die Einbettung in einen Aufklärungshorizont heute übersprungen werden kann und dass instrumentelle Rationalität nicht ausreicht, ihn zu erklären, sondern zumindest ergänzt wird durch eine globale Faszination durch modernste Technik, die sich unsere akademische Technikphilosophie und Technikkritik nicht mehr hatte träumen lassen. Sie sollte uns ermutigen, beherzt an die Aufgabe zu gehen, weltweit an regionalisierte Formen globaler Universalisierung und technologischer Modernisierung herauszuarbeiten, indem wir nach dem Sinn von Technik, dem Nützlichen wie dem Guten im jeweiligen kulturellen Kontext zu fragen und nicht nur Prestige-Projekte in Länder verpflanzen, die sich dieses leisten können. Da Technik und Technologie immer mehr zur Leitkultur werden, müssen wir uns nach ihrem Sinn fragen, insbesondere wenn es um ihren Transfer geht.

Um das Problem herauszuarbeiten, mag ein Vergleich mit Südostasien hilfreich sein, den ich an anderer Stelle ausführlicher bearbeitet habe (Irrgang 2006). Wissenschaft und Technik sind damit in Indien anders als in Europa eingebettet. In Indien steht die traditionell-religiöse Einbettung gesamtgesellschaftlich auch heute noch im Vordergrund und hat möglicherweise die ökonomische Einbettung und Dimensionierung von Technik und Wissenschaft begrenzt, die die Grundausrichtung auf Innovation wie das Wachstumsdenken ermöglichte, welche das Aufklärungskonzept der nützlichen Wissenschaften in Europa begünstigt hat. Die indische Kultur ist daher offen für Technik und Wissenschaft, auch finden religiöse Elemente Eingang in Wissenschaft und Technik, beide bleiben aber eingebettet in einen kulturell-religiösen Gesamtzusammenhang, so dass sie nicht selbstständig zu werden vermögen. Eine Autonomie wie im Westen erreicht Wissenschaft und Technik nicht, wenn auch in den letzten Jahrzehnten immer mehr Modernisierungsinseln auftreten, wodurch gewisse Spannungen zwischen Wissenschaft und Tradition auftreten. Vielleicht hängt der Erfolg von Vastu-Shastra damit zusammen, dass hier scheinbar eine Überbrückung angeboten wird.

Der fundamentale Unterschied im Hinblick auf die Technikentwicklung im neuzeitlichen Europa und in Indien besteht darin, dass es Europa seit der Neuzeit in zunehmendem Maße gelungen ist, technische Entwicklungen und technische Nützlichkeiten für Arbeitsprozesse zu mobilisieren und dazu relevante technische Fähigkeiten auszubilden, die Innovationen hervorbringen. Diese Fähigkeiten, Innovationen hervorzubringen, hängen in verschiedener Hinsicht von der Effektivität des Handels, industrieller bzw. arbeitsmäßiger und Regierungsinstitutionen ab. Berücksichtigen wir dies, so lässt sich feststellen, dass Indien wohl in der vorkolonialen Periode all die notwendigen Institutionen hatte, um solche Strukturen auszubilden. Allerdings gelang es nicht, diesen innovativen Prozess in seiner voll entwickelten Form zu entfalten. Der Fortschritt beschränkte sich in der Regel auf landwirtschaftliche und handwerkliche Fertigkeiten, die allerdings mit hoher Perfektion ausgeübt wurden.

Ein wesentlicher Punkt in dieser Hinsicht scheint mir zu sein, dass indische Wissenschaft und Technologie nicht wie im neuzeitlichen Europa auf einem „entweder oder" basieren, sondern auf einer Logik des „sowohl als auch". Insofern gelang es nicht, „Tradition" von „Innovation" abzugrenzen und abzusetzen, wie dies in Europa im Streit der „antiqui" und der „moderni" ihren bezeichnenden Ausdruck gefunden hat, sondern Tradition und Innovation blieben aufeinander bezogen, genauer gesagt, die Tradition deckelte in gewisser Weise innovative Prozesse, so dass die Entwicklung im Hinblick auf Wissenschaft und Technologie vermutlich kontinuierlicher verlief als in Europa. Institutionen in Indien waren somit beständiger, zumindest bevor die Kolonialisierung begann, als in Europa. Tradition ist das vorherrschende Element in der kulturellen Überlieferung Indiens. Damit legt Indien ein alternatives Modell zur kulturellen wie technischen wissenschaftlichen Entwicklung vor, in denen Einbettungsfunktionen in kulturelle wie religiöse Traditionen von größerer Bedeutsamkeit sind als in Europa, wodurch allerdings Innovationen in ihrem Durchsetzungsvermögen stärker eingeschränkt wurden.

Im Gegensatz zu der hier vertretenen These, dass Modernisierung und Kolonialisierung auf einer Reihe technischer Innovationen in Verknüpfung mit ökonomischen Entwicklungstendenzen (also auf technisch-ökonomische Entwicklungspfade in ihrer kulturellen Einbettung) zurückzuführen sind, hält sich hartnäckig die These vom christlichen Ursprung der Anthropozentrik und damit der Moderne aufgrund des durch das Christentum entwickelten Naturverständnis. Dann gäbe es in Lateinamerika keine größeren Identitätsprobleme aufgrund der gemeinsamen Religion. Dies scheint nun keineswegs der Fall zu sein. Es war aber eher das mittelalterliche Arbeitsethos, das - durchaus christlich beeinflusst - die Trennung von Theorie (Wissenschaft) und Arbeit (Technik) der altgriechischen Weltanschauung (übrigens auch der indischen und chinesischen) überwand und ein neuer technisch-experimenteller Geist, der in die Wissenschaften einzog, dessen Ursprung wohl nicht so eindeutig dem Christentum zuzuschreiben ist. Wissenschaft und Technik waren seit dem späten Mittelalter, verstärkt seit der Renaissance und der Aufklärungsepoche anders kulturell eingebettet als in China und Indien. Und diese andere Einbettung scheint maßgeblich daran mitgewirkt zu haben, dass in manchen Regionen Europas andere technisch-ökonomische Entwicklungspfade eingeschlagen wurden als auf anderen Kontinenten dieser Erde.

Wohl nur in Europa und den USA hat sich Modernisierung als Aufklärung weltanschaulicher Art mit Industrialisierung bzw. Technologisierung verbunden, so dass sie bisweilen identifiziert werden. Zwar hat sich auch die katholische Religion eher als Modernisierungsgegner im weltanschaulichen Sinne denn als Technikfeind erwiesen, im südostasiatischen Bereich scheint dies aber noch ausgeprägter zu sein. Speziellere Untersuchungen zum Verhältnis technischer und weltanschaulicher Modernisierung stehen zwar noch aus, aber einige Hypothesen lassen sich zumindest formulieren. Technik und Religion haben etwas Gemeinsames, sind näher beieinander als oft unterstellt, denn bei beiden geht es um den Umgang mit Schicksal. Medizin und Astrologie sind einzubeziehen, denn auch sie dienen manchmal magisch eingefärbten Praktiken der Daseinsbewältigung. Insofern erscheint in östlichen Religionen Technik nicht als Hybris wie etwa die mechanische Technik im alten Griechenland. Auch die romantisch aufgewärmten archaischen Ängste vor der Technik vor dem Hintergrund eines Dualismus bzw. sogar einer Entgegensetzung von Natur und Technik scheinen zutiefst eurozentrisch. Auf jeden Fall fehlt die aufklärerische Glücksorientierung der modernen Geschichtsphilosophie außer im Konfuzianismus, sodass Vorstellungen wie Langzeitverantwortung, sozialer Fortschritt und Zukunftshoffnung schwer zu vermitteln sind.

Dem Sozialismus, genauer dem Kommunismus, wurde unterstellt, dass er ein Modernisierungsmodell als Alternative zum westlichen Modell der Industrialisierung darstellen würde, der für Arbeiter größere Gerechtigkeit beinhalte. Dies mag für Arbeiter möglicherweise zutreffen, nicht aber für alle Teile der Gesellschaft. Zudem hat er offenkundig gerade in der Frage des Umweltschutzes den Systemvergleich wohl eher nicht bestanden. Zu den Modernisierungshindernissen gehört also neben dem Bevölkerungswachstum und der Armut insbesondere ökologische Probleme und für den westlichen Intellektuellen meist auch die Religion, aber wahrscheinlich sind auch Kolonialismusfolgen und Folgen der bisherigen Formen des Technologietransfers hinzuzurechnen, da diese Entwicklungspfade generiert haben, die sich nun als nur schwer modernisierungsfähig erweisen. Einige Modernisierungshindernisse sind bereits Folgen der ersten Modernisierung wie Bevölkerungswachstum, ökologische Probleme und Armut, so dass Modernisierungskonzepte nicht völlig zu Unrecht in die Kritik geraten sind. Aus diesen negativen Konsequenzen früherer Modernisierungspfade ergeben sich dann weitere Modernisierungszwänge, eine Modernisierungsspirale, die wie eine Windhose immer mehr von dem, was Modernisierung eigentlich einbetten sollte, selbst in seinen Bann schlägt und entwurzelt.

Modernisierung rechtfertigt ihr gegenwärtig revolutionäres Potential durch die segensreichen Folgen der Zukunft, quasi durch einen futurischen Utilitarismus. Modernisierung umschreibt Entwicklungspfade, die durch Innovation gekennzeichnet sind. Moderne ist nicht ohne eine Geschichtsphilosophie, vielleicht nicht ohne eine Utopie technischer bzw. zivilisatorischer Art möglich. Eine solche technische Utopie kann wie die positivistische Geschichtsmetaphysik des Marxismus eine Lücke in der vormodernen Weltsicht ausfüllen. Dem Marxismus eigentümlich ist ebenfalls eine positive Sichtweise von Wissenschaft und Technologie. Der Marxismus ist so in gewisser Weise Erbe der Aufklärungsphilosophie und einer Modernisierungstheorie. Auch für China bietet die marxistische Technikphilosophie Ansatzpunkte, die allerdings insgesamt nicht unproblematisch ist. Der Zusammenbruch des ehemaligen Ostblocks hat hier möglicherweise ein Theoriedefizit hinterlassen. Ökologisch-sozial motivierte Konzeptionen der Realisierung von Langzeitverantwortung könnten hier eine interessante Aufgabe wahrnehmen.

Marshall Sahlins spricht von der strukturierenden Kraft der Tradition (Sahlins 1994, 101). Der Brauch entstammt der Tätigkeit, dem Leben – er ist nicht Ausfluss des Denkens, sondern der Emotion und des Verlangens, des Instinkts und des Bedürfnisses – einen Sinn zu geben (Sahlins 1994, 118). Theorie und Methode der Kulturökologie entsprechen weder einen Determinismus durch die Umwelt noch befassen sie sich in erster Linie mit der Umwelt. Es handelt sich um eine Kulturtheorie, die weder kulturologisch noch überorganisch ist, sie ist überdies eine Handlungstheorie in dem Sinne, wie dieser Begriff in der Soziologie verwendet wurde. Sie begreift das Verhalten als weitgehend durch Normen reguliert (Sahlins 1994, 144). Sahlins entwickelt eine Logik des soziokulturellen Ganzen (Sahlins 1994, 175f.).

Neben der strukturierenden Kraft der Traditionen ist allerdings auch die strukturierende Kraft neuer Ideen, Institutionen und Horizonte hervor zu heben. Das auf die totale Selbstverwirklichung drängende Kulturbewusstsein löst Verhaltensformen wie Fleiß und Arbeitsdisziplin auf, ohne die die moderne Gesellschaft nicht existieren kann. Der Kulturkonflikt hat die alte soziale Frage, die das 19. Jahrhunderts beherrscht hat, gewissermaßen überholt und sich unterworfen. Der Glaube an die Selbstverbesserung hat nie ungeteilte Akzeptanz erfahren. Herder wies darauf hin, wie die aufklärerische Absolutsetzung der eigenen Kulturstufe, des sogenannten Zeitalters der Vernunft oder des Lichts, in Zusammenarbeit mit Handel- und Kolonialisierung zur konsequenten Zerstörung von anderen Kulturformen führt (Brackert/Wefelmeyer 1984, 7-12). Kultur ist im Deutschland des 18. und 19. Jahrhunderts ein bürgerliches Phänomen unter feudal-aristokratischer Herrschaft. Dieses soll hier keinesfalls revitalisiert werden. Verloren gegangen ist der Fortschrittsglaube des 19. Jahrhunderts, der

Glaube an die Verwirklichung der westlichen Werte, der Glaube an die Leistungsfähigkeit von Wissenschaft und Technik – lastet ihnen relativ unbesehen die ökologische Krise in ihrer Gesamtheit an. Es geht um die Rückgewinnung des Glaubens an die problemlösende Kraft von Wissenschaft und Technik im Rahmen eines Konzeptes ökologischer Modernisierung und unter Einbezug der Zweifel an der eigenen Kultur.

Kann nun Kulturalität und Transkulturalität als Folie dienen, den alten Fortschrittsglauben an Wissenschaft und Technik als europäischen Weg der Problembewältigung, durch den Technik zur Natur des westlichen Menschen wurde, so zu transformieren, dass wir einen Horizont für ökologische Modernisierung formulieren können? Eine selbstkritische Wissenschaft ohne absolutes Wissen, also im Wissen um ihr eigenes Können und um ihre eigenen Grenzen wäre dabei eine erste Voraussetzung. Es gibt Gründe für ein neues Selbstbewusstsein von Wissenschaft und Technik im Rahmen eines Konzeptes von Langzeitverantwortung. Wissenschaft hat die Umweltkrise in weiten Teilen festgestellt und auch mit Hilfe der Publizistik inszeniert. Der kulturelle Konflikt zwischen dem, was eine Gemeinschaft bewahren möchte, und dem was durch Wissenschaft, Technologie, Ökonomie und Modernität zerstört wird, hat die soziale Frage des 19. Jahrhunderts abgelöst. Die ökologischen Probleme werden der Modernität zugeordnet und somit als Argument für das Traditionelle herangezogen. Hier liegt aber ein grundsätzlicher Fehler. Die Probleme der Moderne – einer auf Wissenschaft und Technik basierenden Kultur der Innovation und Beschleunigung mit prekären Nebenwirkungen für Traditionen sowie auf die Natur - werden durch eine Rückkehr in die Prämoderne nicht gelöst. Die sozialen Probleme wie Arbeitslosigkeit, soziale Sicherungssysteme, Wohlstand usw. können wir durch mehr Ökonomie und Technik, also durch Modernisierung möglicherweise lösen. Aber viele von uns wollen soziale Wärme, kulturelle Identität durch traditionelle Werte – und Reichtum. Reichtum aber scheint nur durch Wachstum, durch Globalisierung und dergleichen erreichbar zu sein.

Langzeitverantwortung oder Menschenrechte sind Begriffe einer universalistischen Menschheitskultur im Erbe der Aufklärung. Letztendlich müssen wir aber von verschiedenen technisch geprägten Kulturformen ausgehen, um eine universalistische Menschheitskultur in der Zukunft zu verwirklichen. Weltweit leben heute Menschen unterschiedlichster technischer Kulturformen nebeneinander, wenn auch in regionaler und räumlicher Abgrenzung. Neben Bauern auf der Stufe der Subsistenzwirtschaft stellen Nomaden und nomadisierte Viehzüchter eine weitere Stufe technischer Kultur dar, die ebenfalls eine ältere technische Kulturstufe bis in die heutigen Tage an einigen Standorten weiterführen konnten. Fischer, die mit leicht verbesserten Werkzeugen im Vergleich mit der neolithischen Revolution heute arbeiten, arbeiten prinzipiell gesehen mit steinzeitlichen Traditionen. Eine weitere Stufe ist handwerkliche Technik, die sich auf die Verarbeitung von Metallen, Holz, Tonwaren und anderen Werkstoffen spezialisiert hat. Die Techniken wurden im Einzelnen verfeinert und verbessert, unterscheiden sich aber nicht grundsätzlich von den ursprünglichen Technikformen. In späteren Zeiten, etwa ab 3000 v. Chr. entwickeln sich aus handwerklicher Technik auch außerhalb von Städten auf Latifundien und dem Gebiet von Großgrundbesitzern größere Manufakturen zur Erzeugung bestimmter Handelsgüter. Industrialisierte Landwirtschaft entsteht als Produkt des 19. Jahrhunderts ebenso wie Industriekomplexe, die zunächst als Inseln sich in der Naturlandschaft ausbilden, aber dann mit modernen Transportmitteln immer enger verzahnt, eine Industrielandschaft ergeben haben und eine insgesamt sich konstituierende moderne Mobilität als Verkehrsinfrastruktur entwickeln.

Insbesondere in Dritte Welt-Ländern und in Entwicklungsländern finden sich unterschiedliche Stufen der Technikverwendung unmittelbar nebeneinander in räumlicher und zeitlicher Koexistenz. Alte Kulturformen überleben teilweise nur leicht modifiziert bis in unsere heutige Zeit, geraten aber in zunehmendem Maße unter Transformationsdruck angesichts der modernen Mobilität und der Globalisierung. Eine technische Kultur im eigentlichen Sinne aber hat sich noch nicht in allen Entwicklungsländern konstituiert. Eine technisch induzierte anwachsende weltweite Solidargemeinschaft, eine immer gleichförmiger werdende Alltagskultur, sich angleichende Nahrungsmittel weltweit, Radio und Fernsehen erobern die Welt, und verbreiten die Bilder der technisierten Kultur auch in Entwicklungs- und Dritte-Welt-Länder, Küchenutensilien und Nahrungsmittelzubereitung gleichen sich an. Computer sind zunehmend weltweit im Einsatz. Angleichung und Vermassungsphänomene sowie anwachsende ökologische Probleme z.B. aufgrund von Mobilität weltweit mit Zweirädern und Automobilen greifen ineinander. Jugendkultur und jugendlicher Lebensstil gleichen sich hinsichtlich Musik und Mode weltweit immer schneller an und werden häufig von Kulturkritikern als Amerikanisierung umschrieben.

Die anwachsende Konsumorientierung und Konsumkultur, die aber gefährdet ist durch Bevölkerungswachstum, Arbeitslosigkeit, mangelnde Schulbildung, mangelnde Berufsbildung und abnehmende Kraft der kulturellen Traditionen implizieren eine weltweite neue Ausrichtung der technischen Kultur. Kommunikation ist der falsche Ansatz als Maß für interkulturellen Austausch und kulturelle Transformation. Weiter helfen könnte der Blick auf Institutionen, auf Tradition, Traditionsausbildung und Traditionserhaltung. Besonders interessant in diesem Zusammenhang sind Institutionen technischer Art. Nicht hilfreich ist die falsche Grundausrichtung der Soziologie seit Luhmann, die durch Informationstechnologie und das Internet scheinbar gestützt wird. Nicht Kommunikation ist die umfassende Kategorie technischer Kultur, sondern Kooperation, also in gewisser Weise auch der Technologietransfer, der gemeinschaftliches technisches Handeln ermöglicht. Das Palaver hat nicht dieselbe normbildende Kraft wie die entsprechende kulturelle Praxis. Aus diesem Grund reicht ein auf Kommunikationstheorie beschränkter Ansatz für den interkulturellen oder transkulturellen Austausch nicht aus.

Die religiöse Absicherung gilt als fundamentaler Wunsch vieler Menschen in Dritte-Welt-Ländern. Religion wird als Faktor der Stabilisierung von Tradition angesehen, vielleicht abgesehen von der Religion der westlichen Welt, dem Christentum, das verantwortlich gemacht wird für eine anthropozentrische Denk- und Lebensweise und die Entwicklung hin zur neuzeitlichen Experimental- und Naturwissenschaft. Nicht unverdächtig in diesem Zusammenhang aber ist, dass auch das Christentum jahrhundertelang als Hemmschuh wissenschaftlich-technischen Fortschrittes galt und auch heute noch die christliche Soziallehre gegen Konsumdenken und Nutzenorientierung ihre Stimme erhebt. Gemäß der bislang gängigen Modernisierungsdiskussion unterscheidet man drei Phasen der Modernisierung in Europa. Die erste Phase beginnt in der Kunst, der Malerei wie der Literatur mit der Abgrenzung der „Modernen“, die einen von den neuzeitlichen Naturwissenschaften inspirierten Kunststil propagieren, von den „Antiquierten“, die sich auf den griechischen, d.h. traditionellen Kunststil berufen. Seither streiten sich die Avantgarde und der Futurismus mit der Postmoderne. Die zweite Phase der Modernisierung umfasst die Aufklärungsphilosophie, Säkularisierung, Rationalisierung, Emanzipation und Autonomie des Individuums und spielte sich bevorzugt im weltanschaulich-kulturellen Bereich ab. Diese Modernisierungsbewegung wird als typisch westlich-individualistisch und heteronom abgelehnt, wohingegen die dritte Phase der Modernisierung, industrielle Revolution, Industrialisierung, Technologisierung und Digitalisierung als vorbildlich und erstrebenswert gelten und in technokratischer Weise zum Inhalt des Modernisierungsmodells nachholender Industrialisierung gemacht wird, das dann aber häufig keinesfalls ökosozial ausgerichtet oder an Nachhaltigkeit orientiert ist. Das hier entworfene Modernisierungskonzept im Fahrwasser der vier fundamentalen Ebenen kultureller Entwicklung differenziert in größerem Maße.

In Europa lassen sich drei Dimensionen im Modernisierungsparadigma unterscheiden:

(1) Moderne und Modernisierung in der Kunst. Hier geht es um künstlerische Ausdrucksmittel, die fortschrittlich sind im Sinne des Futurismus, die aber auch eine postmoderne Diskussion ausgelöst haben. Modernisierung im künstlerischen Bereich ist durchaus etwas anderes als in anderen Modernisierungsbereichen.

(2) In der Philosophie kommt es in der Moderne, d.h. in der Epoche der Aufklärung zur Trennung der Philosophie und Religion. Daher wird im Katholizismus der Modernismus und die Modernisierung kritisiert, weil Moderne als etwas empfunden wird, das sich gegen religiöse Tradition richtet. Es gibt also eine religiös motivierte Modernisierungskritik in den Industrieländern selber.

(3) Der dritte Bereich meint Modernisierung durch Technik im Sinne einer Industrialisierung bzw. Technologisierung.

Diese drei unterschiedlichen Dimensionen einer europäisch orientierten Modernisierungsstrategie sind nun im Hinblick auf die Verhältnisse in Südostasien einer näheren Untersuchung und Kritik zu unterwerfen. Modernisierung in Form von Positivismus, Profitmaximierung, Ökonomismus und Technokratie wird in Südostasien noch eher abgelehnt, ohne dass die westliche Lebensform insgesamt oder gar Modernisierung in ihrer Gesamtheit negiert würden. Insofern soll hier ein Plädoyer für eine Beschreibung kultureller Phänomene und Entwicklungstendenzen gehalten werden, in der Beobachter- und Teilnehmerperspektive ineinander greifen, Selbst- und Fremdinterpretationen sich wechselseitig kritisieren können. So entsteht die Aufgabe einer Modernisierungshermeneutik als gemeinsame, transkulturelle Aufgabe. Häufig erfolgt auf westlicher Seite immer noch eine unsensible Berufung auf Objektivität, wo sie nicht möglich ist.

Nicht Modernisierung oder Antimodernisierung stehen zur Debatte, sondern die Suche nach der jeweils eigenen kulturellen Identität unter Einbezug des Naturschutz- bzw. des Umweltschutzgedankens. Ein nachfrageorientierter Technologietransfer ohne das Leitbild der Konsumgesellschaft, welche vielen Religionen und Traditionen Südostasiens widerspricht, ist zu etablieren, wobei heute immer noch der produzentenorientierte Technologietransfer in der Entwicklungshilfe überwiegt. Ein Kulturtransfer oder Ethiktransfer bzw. der Transfer moderner Weltanschauung ist nicht die Lösung für die Entwicklungsprobleme weltweit. Eine reflexive Modernisierung wird darauf achten, dass der Kulturtransfer moderat erfolgt und anpassungsbereit ist an die jeweils etablierte Kultur. Die asiatischen Religionen sind weder Feinde der Technik (auch nicht der modernen) noch der Marktwirtschaft, allerdings nicht unbedingt Anhänger eines globalisierten Kapitalismus, insofern dieser als systematischer Egoismus betrachtet wird. Insgesamt spielen Umweltbelange beim Technologietransfer eine noch zu geringe Rolle. Dass sich die südostasiatischen Länder trotz weitgehend naturfreundlicher Religionen von selbst zu umweltgerechtem Handeln bekennen können, ist angesichts ihrer im Allgemeinen desolaten wirtschaftlichen Lage nicht zu erwarten. Die Realisierung von Langzeitverantwortung ist im Prinzip eine Aufgabe der Modernisierer, da das Konzept der Modernisierung als geschichtsphilosophisches Konzept den meisten dieser Religionen sehr fremd ist.

Der eschatologische Charakter der Modernisierungskonzeption ist eine säkularisierte Weltanschauung, in der deskriptive und normative Elemente zusammenfließen, die in der Regel einer kosmologisch harmonieorientierten Ethik und Religion in Südostasien nicht entspricht. Daher ist zu akzeptieren, dass die Modernisierungsstrategie im Hinblick auf die in Südostasien vorherrschende kulturelle Grundströmung, soweit man eine solche Verallgemeinerung überhaupt wagen kann, nicht antimodernistisch ist, sondern völlig abseits und außerhalb des Modernisierungsgedankens liegt und zwar vom kulturell-religiösen Ansatz her. Dies als antiwestlich oder antimodernistisch oder technikfeindlich zu interpretieren ist reiner Eurozentrismus. Sobald Modernisierungsstrategien die Züge einer Quasireligion annehmen, wird sie allerdings als gegen die eigene Kultur gerichtet wahrgenommen und wohl auch zu Recht von der dortigen Bevölkerung überwiegend abgelehnt. Also bleibt nur der kleine Kreis der jeweiligen Bevölkerung, die von der Modernisierung erheblich profitieren und die selbstverständlich ein Eigeninteresse an Modernisierung in ihrem Land haben.

Modernisierung darf keine Kapitulation der eingebürgerten Kulturen erwarten oder sogar fordern, sondern eine behutsame Transformation der jeweils bestehenden kulturellen Traditionen. Wenn sich Traditionen gegen die Modernisierung wehren, kann dies fälschlicherweise als Kampf der Kulturen interpretiert werden. Eine solche Interpretation aber verhindert die wohl unumgängliche Neuinterpretation der jeweiligen kulturellen, religiösen und moralischen Tradition im Lichte der Modernisierung. Wenn meine Interpretation und Analyse der asiatischen Religionen im Hinblick auf Natur und Technik nicht völlig daneben liegt, so darf wohl im allgemeinen erwartet werden, dass eine solche Neuinterpretation der religiösen Tradition im Lichte der Modernisierungs- und Technologisierungs- sowie Globalisierungsprozesse geleistet werden kann, sofern Modernisierung und Globalisierung in einem reflektierten, selbstkritischen und sich selbst begrenzendem Maße bzw. als entsprechend formulierte Entwicklungspfade eingeführt werden.
Das eigentliche Problem ist die Modernisierung selbst als Konsequenz europäisch-aufklärerischer Geschichtsphilosophie. Der Westen will, wenn man so sagen darf, eine technologische Modernisierung auf der Basis der weltanschaulichen Moderne, die meisten Entwicklungsländer wohl auch, aber sie haben die Hoffnung verloren, Anschluss an die technologische und weltanschauliche Moderne finden zu können. Die Weltgemeinschaft der Vernunftwesen, wie sie sich das späte 18. Jahrhundert von der Aufklärung erhoffte, war ein fehlerfreies Ideal, aber so nicht eben realisierbar (Irrgang 2006).

Kultur basiert auf implizitem Wissen. Aber kulturelle Einbettung meint nicht nur traditionelle Vertrautheit und Sicherheit im Umgang mit der Welt, sondern auch Vorurteile, Ideologien, versteckte Grundannahmen und unaufgeklärte Hintergrundunterstellungen, die reflektiert und interpretiert werden müssen, um ein aufgeklärtes Kulturkonzept zu erreichen. Der Fehler vieler europäischer Modernisierungskonzepte liegt in einer totalisierenden Form der Aufklärung. Nicht alle Formen religiöser Praxis sind Ideologie. Modernisierung ist also eine schwierige hermeneutische Aufgabe zwischen Verherrlichung der Tradition und dem Versuch, die kulturelle Einbettung überhaupt zugunsten einer totalen sozialen Konstruktion einer totalitären und geschichtslosen Gesellschaft ausschalten zu wollen. Eine selbstkritische Hermeneutik der Modernisierung setzt dabei Experten voraus, die sich Kompetenzen im transkulturellen Dialog und in entsprechenden Projekten erarbeitet haben. Die soziale Anerkennung als Experten ist demgegenüber der zweite, weniger wichtige Schritt.

Ein Fehler des im Objektivismus und Positivismus zentrierten Modells europäischer Modernisierung besteht darin, Religion grundsätzlich mit Ideologie identifiziert und als fortschrittsfeindlich deklariert zu haben. Aus diesem Grunde meinte man, in kulturellen Fragen nicht mehr genau hinschauen zu müssen und auf die Analyse der kulturellen Einbettung beim Technologietransfer verzichten zu können. Diese Grundhaltung des Kolonialismus und seiner Nachfolger hat zu einer massiven Verschärfung ökologischer und sozialer Probleme der Entwicklungsländer geführt. In diesem Zusammenhang hat gerade der Philosoph die Aufgabe, weltweit die Rolle eines sorgfältigen Hermeneuten technologischer und kultureller Modernisierung anzunehmen und wahrzunehmen. Denn die Diskrepanz zwischen ideologischer Traditionsverhaftetheit und ideologischer antireligiöser Agitation lässt sich vielleicht nur hermeneutisch auflösen. Denn warum sollte man sich nicht von einem kosmischen Gesamtzusammenhang her verstehen? Nur weil wir Europäer den atomistisch-individualistischen Weg gegangen sind und missionarisch vorantreiben? Die missionarischen Modernisierer sind eine Gefahr für die Modernisierung. Nachholende Industrialisierung erscheint immerhin in gewissen Grenzen realisierbar, Modernisierung hingegen nicht. Der Kern der Konzeption kultureller Modernisierung besteht in der Realisierung von Langzeitverantwortung.

3) Globalisierung als Grundlage einer neuen kulturellen Identität?

Die Dispute und die Konfusion über Globalisierung beginnen oft bereits bei ihrer Definition. Zur Begriffsbestimmung gehören Momente wie (1) Internationalisierung, (2) Liberalisierung, (3) Universalisierung, (4) Verwestlichung und Modernisierung und (5) Regionalisierung dazu. Neu entstehende globale Institutionen und Organisationen überzeugen die Skeptiker aber nicht, die Globalisierung als einen ökonomischen Mythos betrachten. Globalisierung hat Vorläufer, konstituierte sich aber in der Mitte des 20. Jahrhunderts. Globalisierung kann als Wachstum transplanetarischer Beziehungen interpretiert werden (Scholte 2005, 15-20). Globalisierung kann sowohl als Produkt geistiger Kräfte wie Imagination, Invention, Metaphern, Identität und Ideologie wie als Resultat konkreter Kräfte wie Natur, Produktion, Technologie, Gesetze und Institutionen betrachtet werden. Auf jeden Fall lässt sich eine Transformation der Produktionsweisen feststellen. Änderungen in den Regulationsmechanismen des sozialen Lebens kommen hinzu. Sozialer Wandel aber stellt die Frage nach der Identität. Außerdem: Gibt es systemische Wissenstransformationen? Liberalisierung oder Sicherheit, Friede und Gewalt sind weitere Pole, die mit Globalisierung verbunden sind. Globale Unordnung und ökologische Folgen sind nicht von der Globalisierung zu trennen (Scholte 2005, 21-31).

Globalisierung hat die Ungleichheit weltweit vermutlich erhöht, möglicherweise auch zu einer anwachsenden Intoleranz geführt. Unterstützt Globalisierung nur formal die Demokratisierung? Davor steht das Leitbild einer elektronischen Demokratie. Der Neoliberalismus mit seinen Forderungen nach Liberalisierung, Deregulation und Privatisierung ist weniger dogmatisch als in der Mitte der 90er Jahre. Er verstärkt aber die Marginalisierung der Unterprivilegierten. Insofern gibt es Gegner der Globalisierung und einen neuen Nationalismus. Der Reformismus bemüht sich um eine globale soziale Demokratie

(Scholte 2005, 33-42). Definitionsversuche der Globalisierung sollten folgende sechs Punkte enthalten:
(1) Territoriale Geographie bleibt bedeutend, obwohl es zu einer anwachsenden Supraterritorialität kommt.
(2) Globalität ist verbunden mit sehr viel stärker als getrennt von anderen sozialen Räumen.
(3) Das Globale ist nicht inhärent kontradiktorisch zum Lokalen.
(4) Globalisierung ist nicht an sich ein Prozess der kulturellen Homogenisierung.
(5) Globale Beziehungen haben sich ausgebreitet über verschiedene Regionen und soziale Sektoren.
(6) Globalisierung ist ein durch und durch politischer Prozess, der einige Menschen mächtiger macht und andere machtloser (Scholte 2005, 50).

Die Globalisierung der Märkte, die Internationalisierung der Beziehungen, Liberalisierung, Universalisierung und Verwestlichung haben zu einem großen Wandel räumlicher Strukturen geführt. Die globale Kommunikation, weltweite Migrationen, das Aufscheinen einer transplanetarischen und superterritorialen Verbundenheit hat auf der anderen Seite Regionalisierung anwachsen lassen. Kulturelle Homogenisierung führt zum Niederreißen territorialer Distanzen. Globalisierung steht für eine Vielzahl von sozialen Beziehungen und einer transplanetarischen Simultanität (Scholte 2005, 52-84). Die weltweite Verbundenheit hat überterritoriale Aspekte. Probleme der Periodisierung führen dazu, dass wir Mitte des 20. Jahrhunderts. die Globalisierung beginnen lassen können. Kommunikation, Reisen und Märkte, Finanzmärkte und Organisationen führen zu einer gegenwärtig beschleunigten Globalisierung. Abgesehen davon gibt es noch eine militärische Globalisierung (Scholte 2005, 85-115).

Der Liberalismus führt zu einer Suche nach neuen Identitäten. Die Kraft des Wissens wird in der Globalisierung immer stärker hervorgehoben. Außerdem bedarf es neuer Identitätskonstruktionen (Scholte 2005, 121-153). Im Vordergrund steht dabei die Konsummentalität. Die Globalisierung führt zu erwarteten Bemühungen staatlicher Seite um Reichtum. Dabei kommt es zu einer anwachsenden Bedeutung nichtstaatlicher Beziehungen. Die globale Bürgergesellschaft ist ein Desiderat und Leitbild für den Globalisierungsprozess. Es kommt zu einer Umstrukturierung von Staaten und einer anwachsenden Regulation (Scholte 2005, 185-222). Das Anwachsen nichtterritorialer Identitäten verstärkt Tendenzen zur Hybridisierung. Nationen gelten als kollektive Identitäten. Dabei treten Spannungen zwischen dem Nationalismus und der Globalisierung auf. Plurale nationale Identitäten sind im Entstehen begriffen. Dies sieht man auch am Entstehen von Mikronationen, z. B. nach dem Auseinanderfall Jugoslawiens. Diese Regionennationen stehen auf der einen Seite, Transweltnationen auf der anderen Seite. Humanität gilt als eine nichtterritoriale Identität. Eine transplanetarische Elite ist im Entstehen begriffen. Klasse, Geschlecht, Rasse, Jugend, Sex usw. als nichtterritoriale Orientierungen sind von der Hybridisierung betroffen. Es entstehen neue globale Klassenidentitäten. Frauenbewegung und Jugendkultur gehören dazu. Die Identitätsbildung wird durch die Globalisierung komplizierter (Scholte 2005, 224-255).

Die Veränderungen im Wissensparadigma führen dazu, dass statt Rationalität Unsicherheit das neue Leitbild ist. Die Globalisierung hat einige irrationale Strömungen verstärkt wie religiöse Wiedererweckung, Ökozentrismus und Postmodernismus. Hat dies aber insgesamt zu einem Anwachsen nichtrationaler Strömungen geführt? Beck und Giddens vertreten einen reflexiven Rationalismus. Aber auch E-Learning und Teleuniversität haben die Modernität und ihren Rationalitätsbegriff verändert (Scholte 2005, 256-271). Die größere Unsicherheit Unfälle, HIV, Bürgerkrieg, Terrorismus usw. sind Kennzeichen der Globalisierung. Es kommt immer mehr zum Frieden zwischen den größeren Staaten trotz anwachsender Militarisierung. Auch die Verbrechen scheinen zuzunehmen. Dies stärkt die transnationale juristische und kriminalistische Zusammenarbeit. Gesundheit, Armut, Umweltbelastung, Arbeitsplatzsicherheit und Arbeitslosigkeit sind zentrale Probleme angesichts einer weitgehend automatisierten Produktion im Zeitalter der Globalisierung. Die Flexibilisierung der Arbeit und der Arbeitszeiten ist die eine Antwort. Globalisierung erweitert die Horizonte für individuelle und kollektive Identitäten. Auf der anderen Seite ist kulturelle Destruktion nicht zu leugnen. Der soziale Zusammenhalt muss neu definiert werden angesichts des Anwachsens der technischen Sicherheit, aber auch der sozialen Risiken. Hinzu kommen finanzielle Instabilitäten (Scholte 2005, 280-313).

Die Globalisierung hat in manchen Fällen ausgleichend gewirkt, häufig jedoch wurden durch Globalisierung Lücken und Spalten sowie Kluften hinsichtlich sozialer Chancengleichheit vertieft. Anwachsende Ausbeutung, Klassenungleichheiten, Länderungleichheiten, Verstärkung von Geschlechtsunterschieden und der Aufbau neuer sozialer Hierarchien sind genauso zu verzeichnen wie neue soziale Bewegungen (Scholte 2005, 317-345). Das Unwissen über die Globalisierung erschwert die Demokratisierung der Globalisierung. Die Massenmedien haben eine entscheidende Aufgabe bei den neuen Formen der Erziehung. Bürgergesellschaft und Transparenz gehören zu den neuen Leitbildern. Es gibt aber auch viele Fehlschläge von Institutionen, die strukturelle Ungleichheiten verstärken (Scholte 2005, 348-371). Reformerische und transformierte Strategien sind zu unterscheiden. Insgesamt erfolgt ein Plädoyer für eine ambitioniertere Reformstrategie. Die Liberalisierung erzeugt eine Gegenbewegung. So ist also eine vorsichtige Transformation erforderlich. Konfliktmanagement zur Verbesserung der Sicherheit ist einzusetzen. Zentral sind Arbeitsplatzbeschaffung und die Entwicklung kultureller Diversität. Globalisierung sollte insgesamt erheblich humaner strukturiert werden (Scholte 2005, 382-422).

Die philosophischen Vorarbeiten zum Phänomen der Globalisierung werden in der Regel übersehen. Globalisierung hat aber eine kulturelle und eine gesellschaftliche Komponente. Kants Gedanken zum Weltfrieden und Weltbürgertum bzw. zur Weltrepublik lassen Globalisierung als einen strukturellen Begriff erscheinen. Globalisierung meint zunächst bei Kant die Bekanntheit aller Zonen des Globus. Diese führt dazu, dass eine internationale Rechtsgemeinschaft und Weltgemeinschaft angestrebt wird, aber auch eine Weltökonomie, eine planetarische Technik, gesellschaftliche Gleichförmigkeit und politisch-ökonomische Abhängigkeit sind Schemata der Globalisierung. Unterschiedliche Organisationsniveaus und kriegerische Auseinandersetzungen stehen in einem Zusammenhang. Im 16. Jh. wurde zum ersten Mal die Menschheitsgeschichte als Ganzes entdeckt (Figuerua 2004, 9-12).

Es lassen sich folgende Phasen der Globalisierung unterscheiden:
(1) Entdeckungsreisen und Kolonialisierung (16.-18. Jh.), Herstellung eines Handelsweltmarktes,
(2) Konstitution des Weltmarktes bis zur Entkolonialisierung, technische Unterstützung der Kolonialisierung im 18.-20. Jh., der Raum-Zeit-Verdichtung und der Dezentralisierung.
Habermas spricht in seinem Werk „Die postnationale Konstellation“ (1998, 120-122) von der Verdrängung der Politik durch die Macht. In der Theorie der bürgerlichen technisch-wissenschaftlich entwickelten Gesellschaft kommt es dazu, dass sich territoriale Kulturen entgrenzen. Die Globalisierung wird als Realisierung der objektiven Vernunft angesehen. Es wird versucht, dazu eine Kontroll- und Überwachungsapparatur zu erstellen, um ein Weltimperium basierend auf dem Grundwert der Freiheit zu errichten (Figuerua 2004, 13-21).

Der objektive Vernunftbegriff wird als ein Mittel der Lebensorientierung angesehen. Es werden Utopien der befriedeten, glücklichen und universalen Rechtsgemeinschaft angeführt. Tatsächlich erfolgt im 18. Jh. eine Entklerikalisierung und Laisierung der Philosophie. Diese betrachtet Welt als Ordnung und entwickelt eine neue Gemeinschaftsidee (Figuerua 2004, 31-41). Vitorias Völkerrecht angesichts der Kolonialisierung Südamerikas weist auf die Deformationen der Globalisierung hin. Er plädiert für ein Einwanderungs-, Niederungs-, Einbürgerungs- und Handelsrecht. Dabei legt er einen theozentrischen Begründungsansatz naturrechtlicher Art zugrunde. Er formuliert folgende Rechte
(1) ein Einwanderungs- und Niederlassungsrecht,
(2) ein Nutzungsrecht von Allgemeingütern,
(3) ein Einbürgerungsrecht kraft Geburt und
(4) ein Handelsrecht.
Es handelt sich um natürliche Rechte, da der Mensch als das politische Tier angesehen wird. Die Notwendigkeit der wechselseitigen Hilfeleistung ist hierbei die Grundvoraussetzung. Vitorias stoischer Kosmopolitismus unterstützt seine rechtstheoretische Theorie. Bei der Christianisierung kommt ein nationalistisch messianistisches Pathos zum Tragen (Figuerua 2004, 44-69).

Descartes instrumentelle Logik der Weltbeherrschung und Hobbes Gesellschaftsvertrag konstituieren und bereiten vor die Weltgesellschaft in der englischen und französischen Aufklärung des 18. Jh. Zu den Autoren, die hier wichtig sind, sind Locke, Mirabeau und Montesquieu (Figuerua 2004, 73-118). Rousseaus Utopie der Weltwirtschaft als Vorläuferin von Kants Utopie der weltbürgerlichen Gesellschaft weist auf den hervorgerufenen Weltbegriff der Philosophie besonders im 18. Jh. hin (Figuerua 2004, 135-160). Wilhelm von Humboldts Vermittlung von Universalisierung und Individualisierung vor dem Hintergrund der Idee einer Vervollkommnung des menschlichen Geschlechts ist ebenfalls hervorgehoben. Die erfahrbare Weltverflechtung ist der Hintergrund für Humboldts philosophiegeschichtlichen Entwurf. Ganz zentral für dieses Konzept ist das Erlernen ausländischer Weisheit. In der Weltgemeinschaft geht es um weltimmanente Vermittlung von Weltansichten (Figuerua 2004, 185-191). Der Historismus und die Substantialisierung der Kultur ist Thema bei Dilthey. Auch er hatte einen immensen Beitrag zum Verständnis der Globalisierung geleistet. Karl Marx betont die weltzivilisatorische Rolle der bürgerlichen Gesellschaft, währen Norbert Elias den Prozess der Menschheitsintegration in den Vordergrund stellt. Für Luhmann ist eine Beschreibung der Weltgesellschaft unter ausschließlich systemtheoretischen Gesichtspunkten der richtige Weg (Figuerua 2004, 225-252).

Im Zeitalter der Globalisierung findet ein massenhaftes Sterben unabhängiger Handwerkskünste und anderer Kunsttraditionen in jeder entwickelten Region des Globus statt. Angesichts der weltweiten kulturellen Homogenisierung ist eine Anstrengung zur Erhaltung von kultureller Tradition erforderlich. Die ökonomischen und kulturellen Implikationen der Globalisierung sind durchaus zu unterscheiden. Die größeren Gefahren liegen für Harry Redner im Bereich des Letzteren. Die kapitalistischen Advokaten der Globalisierungen sehen allein die ökonomischen Nutzenfaktoren und bemerken die kulturellen Verluste, die dieser ökonomische Nutzen mit sich bringt, nicht. Die Urbanisierung ist Ausdruck dieser Massenkultur und führt zu einer Technisierung des Ethos in einer technologischen Zivilisation und einer globalen Kultur (Redner 2004, 1-13).

In einer befreiten und offenen Welt wurde ein neuer Abgrund geschaffen, der auf eine ökologische und kulturelle Katastrophe hinausläuft. Die Flugzeugkultur und neue Formen der Mobilität werfen ihre Schatten für die Zukunft voraus. Die Flughafenhotels sollen weltweit gleich aussehen. Eine kulturelle Uniformität ist die Konsequenz. Die sich immer erweiternde Fliegerkultur wird zu einer Massenkultur des Verkaufens und Konsumierens. Die überall präsenten Klänge einer Massenkultur sind die begleitenden Faktoren. Die ausgebildeten Eliten entwickeln eine Ersatzkultur, die auf eine Amerikanisierung hinausläuft. Demgegenüber ist die Verteidigung lokaler Kulturen unausweichlich notwendig und eine dringende Aufgabe. Diese lokalen Kulturen treten in verschiedenen und vielfältigen Formen auf. Die globale Kultur bietet Jedermann das an, was dieselben begrenzten Wahlmöglichkeiten der Industriegesellschaft umfasst. Sie geht einher mit umfassenden Entwertungsstrategien (Redner 2004, 17-51).

Die globalisierte Weltkultur knüpft an die Massenkulturproduktion an. Das kulturelle Selbstverständnis des US-Amerikaners wurde entscheidend mitgeprägt durch die Filmindustrie. Die Massenkultur ist der Kern kultureller Praktiken. Dabei ist die globale Kultur in extremem Maße abhängig von den Medien. Es geht darum, die Aufmerksamkeit von Medien auf sich selbst zu lenken und zu wecken. Die Propaganda für einen bestimmten Lebensstil weltweit ist Kern der neuen Massenweltkultur. Die Medienindustrie basiert auf der Informationsrevolution, auf Wettbewerb und Publizität. Sie beruht auf einer Dominanz bestimmter Technologien. Die besonders magisch wirkenden Medien werden wie übernatürliche Ereignisse inszeniert (Redner 2004, 63-83). Die amerikanische und die europäische Massenkultur sind fast gleich, führend jedoch von Anfang an war die amerikanische, nicht zuletzt aufgrund der Stellung von Hollywood. In der Zwischenzeit gibt es aber auch andere Ansatzpunkte wie z. B. in Indien Bollywood, wo sich globalisierte kulturalisierte Tendenzen mit lokalen nationalen kulturellen Leitbildern vereinigen. Die Elitekulturen überlebten im Sinne von Museumskulturen, Konzerthallenkulturen, Opernkulturen auch im Hinblick auf Kunstgalerien und vor allen Dingen Universitäten. Die Massenkultur hat einen ansprechenden Egalitarismus zur Folge und ist insbesondere für den jungen Teil der Bevölkerung attraktiv. Diese stellt Tanz und Musik in den Vordergrund. Die Affirmation der Klassenzugehörigkeit wird meist über einen snobistischen Ästhetizismus realisiert und demonstriert. Die Verbindung von höherer und populärer Kultur ging aber vielen Bereichen verloren. Der Übergang von der Massenkultur zur globalen Kultur ist so kein so großer Schritt mehr. Er enthält im Wesentlichen Elemente der Jugendkultur. Dabei hat sich eine Reihe der Symbole der Jugendkultur als ökonomieresistent erwiesen. Globalisierung ist daher nicht identisch mit Ökonomisierung (Redner 2004, 93-105).

Kultur umfasst Normen und Werte, wobei die Technik sich zunächst auf instrumentelle Werte beschränkt. Kultur besteht aus einer ganzen Reihe von Repräsentationen. Das Ethos und damit Teile der Moral sind Teil einer globalisierten Kultur. Technologien entstehen innerhalb spezifischer Kulturen. Die Technifizierung der Repräsentation und des Ethos sowie die Zerstörung einer Reihe von Werten sind Konsequenzen einer kulturellen Globalisierung. Außerdem hat Technik zu einer Ausweitung von Bürokratie geführt (Redner 2004, 111-153). Die Verteidigung kultureller Werte ist eine neuere zentrale Aufgabe geworden. Viele Menschen leben in einem bikulturellen Kontext. Die Kultur der armen Leute stirbt schneller aus, als die der Reichen. Die der Reichen ist auch von vornherein eher an globalisierten Zielen orientiert als die der armen Leute. Insbesondere sollen im Hinblick auf die Erhaltung lokaler Kulturen die globale Massenkultur kritisch hinterfragt werden. Ansatzpunkt ist der Kulturkonsument und wie bei ihm die Werbung ankommt. Der Kult des instrumentellen Gebrauchs ist nur eine vorläufige Form der Globalisierung. Die ökonomischen Interessen dominieren in der Erziehung im Zeitalter der Globalisierung. Die Erziehung als Charakterbildung hat etwas mit Kultur zu tun sie wird aber immer mehr zur technischen Ausbildung. Die Einführung der globalen Kultur an

Schulen und Universitäten ist daher nicht nur positiv zu sehen (Redner 2004, 167-209).

Nur im Radio und Fernsehen kann der allgemeinen kulturellen Globalisierung Vertrauen geschenkt werden. Allerdings muss man sich vor Sendern mit zu starker Kommerzialisierung hüten. Private Medien werden zu leicht zu Handlangern von ökonomischen Interessen. Das zentrale Ziel jedenfalls einer Weltkultur muss es sein, eine ökologisch kulturelle Balance wiederzuerlangen. Dazu ist ein Rückgriff auf lokale ökologische Traditionen erforderlich. Der Wandel der kulinarischen Kultur z. B. hat Auswirkungen auf die Landwirtschaft. Die Änderungen der landwirtschaftlichen Produktivität sind zentral und wichtig. Die Erhaltung und der Schutz der Natur müssen zu zentralen kulturellen Werten werden. Das nichtkommerzielle Fernsehen kann hier einen Beitrag zum Erhalt und Schutz der Natur leisten. Aufgabe ist also letztendlich für eine Weltkultur eine Technologie als Leitbild zu formulieren, die kompatibel mit Natur und Kultur ist (Redner 2004, 211-229).

Globalisierung liegt im Zentrum der modernen Kultur. Globalisierung und Kultur sind Konzepte von höchster Allgemeinheit und notorisch ungenau in ihrer Bedeutung. Globalisierung ist so komplex und bezeichnet die Verbundenheit und Rückverbundenheit (Konnektivität und Retinität) im sozialen Leben. Das Zusammenschrumpfen von Distanzen durch eine dramatische Reduktion in der Aufwendung von Zeit für Mobilität und die Homogenisierungsthese führt Globalisierung als Synchronisierung gemäß den Forderungen der standardisierten Konsumkultur ins Feld, die überall alles mehr oder weniger zum Selben macht. Die Eingänge und Ausgänge zu unterschiedlichen kulturellen Räumen sind erstaunlich uniform und standardisiert. Es scheint den Eindruck erwecken zu wollen, dass Globalisierung kulturelle Differenzen minimiert, um so die universellen Praktiken der internationalen Geschäftskultur gut funktionsgängig zu machen (Tomlinson 1999, 1-7).

Aber Reisende mit nicht allzu viel Geld lernen bald das kulturelle Umfeld eines Landes kennen, wenn sie für die reichen Hotels nicht genug Geld haben. Das lokale Leben und das globale Leben stehen irgendwie nebeneinander. Allerdings verändert die Globalisierung die lokalen Ordnungen. So kommt es zu einer Multidimensionalität der Globalisierung. Die negative Seite besteht in der Globalisierung ökologischer Probleme. Wir haben eine grenzüberschreitende Zivilisation geschaffen. Dabei gilt die materiale Kultur, die durch Technik geschaffen worden ist, als Rahmen. Die Art der Nahrungsaufnahme und der Kleidung hat Auswirkungen auf die internationale Arbeitsteilung. Globalisierung meint eine Kultur auf Reisen, in der wechselseitige Abhängigkeit und Entterritorialisierung grundlegende Kennzeichen sind (Tomlinson 1999, 8-30).

Globalisierung ist eine Form der Modernität. Die Moderne als geschichtliche Epoche und ihre Diskontinuitäten mit der prämodernen Globalität machen die Geschichtlichkeit des Phänomens Globalisierung deutlich. Die relative Isoliertheit von Gesellschaften in früheren Zeiten ist eine umstrittene These. Mit der Globalisierung tritt eine neue Art des Denkens auf. Globalisierung ist als Konsequenz der Moderne aufzufassen. Modernität wird angesehen als die Aufhebung von Einbettung, die Entlassung sozialer Beziehungen aus ihrem lokalen Kontext. So werden abstrakte Systeme von ihrem lebensweltlichen Hintergrund abgelöst. Dies führt zur Auflösung kultureller Einbettungsfaktoren. Insofern entwickelt sich eine Reihe von Verdachtsmomenten gegenüber einer globalen Modernität und einer unausgewogenen Dialektik der Moderne, die in zunehmendem Maße Kompetenzen und Fähigkeiten von Menschen wertlos macht. Die Moderne ist gekennzeichnet durch multiple Dualitäten und durch westliche Gewalt. So manifestieren sich erhebliche Zweifel am Universalismus (Tomlinson 1999, 32-66).

Aufgrund von Homogenisierung ersetzt eine Weltkultur alle anderen Kulturen. Allerdings gibt es solch eine Kultur heute noch nicht. In vielfacher Form verbindet man mit Modernisierung und Globalisierung eine bessere zukünftige Welt. Es ist eine dominante Kulturversion, die solche verbesserten Lebensumstände verspricht. Es gibt aber auch Albträume einer globalen Kultur als kulturellen Imperialismus. Diese wird dann beschrieben als globale kapitalistische Monokultur. Alle Produkte, auch Coca Cola, sind in Gefahr, „indigenisiert“ bzw. „kreolisiert“ zu werden. Die aufkommende Weltkultur scheint eine reine Konsumentenkultur zu werden. Es handelt sich um eine Westernisierung der Welt (Tomlinson 1999, 71-89).

In der globalisierten Weltkultur ist eine unmittelbare Anwesenheit bei der Kommunikation nicht erforderlich. Die Konvivialität des lokalen Marktes wird aufgehoben und aufgelöst zugunsten abstrakterer Beziehungen. Dabei sind die neuen Plätze nicht notwendigerweise entfremdet. Das Territoriale verliert an Bedeutung. Auf der anderen Seite aber bekommt Privatheit eine Art von sakrosanktem Schutzcharakter. Globale Nahrungsmittel und lokale Identität sind keine Gegensätze mehr. Fastfood orientiert sich an indigenen Vorbildern. Der Mythos der vormodernen Heimat ist als solcher zu durchschauen. Globalisierung ist ein ungleicher Prozess. Die Deterritorialisierung findet vor allen Dingen an den Rändern statt. Hier können auch am ehesten Hybridisierungsprozesse erfolgen. Dabei wurden bislang Machtbeziehungen bei der Erzeugung von Hybriden vernachlässigt. Das Leben in den Grenzländern wird immer mehr zum Vorbild für transnationale Kulturräume (Tomlinson 1999, 106-146).

Die neuen kulturellen Erfahrungen basieren auf vermittelter Kommunikation. Der Anfang ist die Auslieferung deterritorialisierter kultureller Erfahrungen. Wo irgendjemand ist, hat immer weniger mit seiner Erfahrung zu tun. Die Vermittlung geschieht in technischer Art und Weise. Es gibt aber eine Vielzahl mediatisierter Erfahrungen. Privatheit wird zur medienerzeugten Privatheit und als Intimität wiederdefiniert. Allerdings wird die Intimität wieder und wieder quasi in neuem Maße zerstört. Es handelt sich in zunehmendem Maße um eine entleiblichte und nicht mehr eingebettete Intimität, wie z. B. in der Internetliebe oder durch das Fernsehen vermittelte sexuelle Erfahrungen. Die Intimität wird immer mehr zu einer öffentlichen Intimität (Tomlinson 1999, 150-167).

Die globale Nachbarschaft produziert verstärkt Nähe. Dies führt zu einer Kultivierung einer spezifischen kulturellen Disposition, wobei der Kosmopolitanismus zu einer privilegierten Ideologie wird. Das Ideal könnte darin bestehen, disen im Sinne eines ethischen Globalismus als eine neue Lebensform zu definieren. Entterritorialisierung befördert die kosmopolitanische Position. Angesichts der gegenwärtigen Situation ist dabei eine Ausweitung von Solidarität erforderlich. Nichts garantiert den Aufbau einer kosmopolitanischen Solidarität in den Ungewissheiten der globalen Modernität. Auf der anderen Seite wird die Ausdehnung der Wechselseitigkeit aufgrund der Konnektivität der Globalisierung immer erforderlicher.

Wenn man den Einfluss der Informationstechnologie auf die Globalisierung konzeptualisieren will, so kommt man zu einer ganzen Reihe von erstaunlichen Phänomenen und ihrer Beschreibung. Die technische Integration in die globale Ökonomie ist auch für sich entwickelnde Länder und unbedeutendere Firmen von zentraler Bedeutung. Es kommt zu einem anwachsenden Dualismus in der Weltökonomie. Wichtig aber sind für die informationstechnologische Durchdringung Verbesserungen im Bereich der Basistelefonierfähigkeit. So gibt es z. B. Telefongeschäfte in Indien, die dort eine wichtige Rolle erfüllen. Die Informationstechnologie im Afrika südlich der Sahara ist ebenfalls von großem Interesse. In manchen Staaten gibt es hohe Importsteuern auf Telefon oder Computer. In solchen Ländern ist eine Liberalisierung der Märkte erforderlich (James 2002, 1-5). Die Intensivierung des Welthandels und ausländischer Investitionen, die Verstärkung der Telekommunikationsinfrastruktur führen zur Globalisierung. Die neuen Technologien sind schneller und effizienter. So wird auch die Mobilfunktechnologie in Entwicklungsländern übernommen. Neue Gelegenheiten für Kaufen und Verkaufen werden so geschaffen. Die Vergrößerung des Angebots ist eine der Folgen. Nun ist auch Forschung in den Entwicklungsländern möglich geworden. Weltweite Videokonferenzen, Emails, internationale und nationale Projekte und Projektzusammenarbeit kann nun geschaffen werden (James 2002, 11-19).

Produktkreisläufe tendieren dazu, kürzer zu werden. Dies nennt man den Imperativ der Innovation. Technischer Wandel bringt vergleichbare Vorteile. Auf diese Art und Weise wird eine neue Form von Konkurrenz erzeugt, die auf Geschwindigkeit und Flexibilität setzt. Eine multinationale Firma wird in diesem Zusammenhang als global Handelnder aufgefasst (James 2002, 23-33). Globalisierung ist ein technologisches Phänomen. Wir können die Informationstechnologie zur Beförderung der Globalisierung nutzen. Die Informationstechnologie führt zu einer kumulativen Verursachung von Integration in globalem Ausmaß. Es kommt zu immer neuen Formen des Wettbewerbes und der Konkurrenz. Entwicklungsländer sind Exportländer. Der Einbezug in Globalisierungsprozesse erfolgt über den Handel und ausländische Investitionen. Es kommt zu unterschiedlichen Graden der Ausnutzung der Möglichkeiten einer Technologie. Um die Marginalisierung im Prozess der Globalisierung zu vermeiden, müssen eine Reihe von Maßnahmen ergriffen werden (James 2002, 55-65).

Die Schaffung einer informationellen Lücke oder paralleler Gesellschaften ist zu vermeiden. Es gibt verschiedene Typen von Armut, für die häufig Unterbeschäftigung der Grund ist. Dies ist vor allen Dingen ein Problem in stark landwirtschaftlich geprägten Ökonomien. Auch in anderen Ländern meint arm in vielfacher Weise, ohne Schulbildung zu sein. Die Einbeziehung in den Welthandel als Verminderung der Armutsstrategie ist ambivalent. Normalerweise unterstützt Globalisierung aber eher die reicheren Länder. Telefongeschäfte, Telekommunikationszentren und Internetcafés sind bedeutende Motoren der Innovation und der Globalisierung insbesondere auch in ländlich geprägten Regionen. Der Handel mit elektronischen Geräten wird immer wichtiger im Bereich der Globalisierung. Die arbeitsintensiven Methoden in globalisierten integrierten Systemen des ausländischen Investments sind bisweilen hinderlich im Sinne der möglichen Integration fremder Investitionen in das eigene ökonomische System (James 2002, 71-84).

In Europa werden die meisten Computer nicht wirklich voll ausgenutzt. Die Kosten hängen aber vom Design ab. Insofern müssten für Entwicklungsländer Computer für einen Preis unter 200 US-Dollar geliefert werden (James 2002, 98-102). Die Geberländer sind in gewisser Weise in der Globalisierung dominant. Es gibt aber mögliche neue Konkurrenzsysteme und neue destabilisierende Faktoren in diesem scheinbar fest gefügten System. Chinesische und indische Kooperationen mit afrikanischen Ländern werden hier in zunehmendem Maße dominant. Es geht um die Reduzierung der technologischen Passivität der Empfängerländer (James 2002, 114-120). Ein arbeitsintensives Straßenbauprogramm bewirkt in den Entwicklungsländern mehr als automatisierte Maschinenarbeit. Vor Ort verfügbare Materialien mittleren Standards und entsprechende Werkzeuge sollten verwendet werden. Eine Dezentralisierung ist erforderlich und wohl auch wünschenswert im Hinblick darauf, dass Großprojekte immer stärker kritisiert werden (James 2002, 126-198).

4) Die Inferiorität lateinamerikanischer Technologie als Globalisierungshindernis?

Beklagt werden die geringe internationale Wettbewerbsfähigkeit Lateinamerikas und die technologische Abhängigkeit insbesondere von den USA, die eine eigenständige Entwicklung verhindere. Dies drückt sich auch darin aus, dass die Einkommensentwicklung seit 60 Jahren im Durchschnitt hinterherhinkend ist. Die neue Technologieorientierung (verbunden mit dem Versuch einer stärkeren Ausrichtung auf Europa) ist aber eher ein Wunsch, denn die Möglichkeiten der Technologisierung sind begrenzt aufgrund fehlender Forschungskapazitäten. Insofern ist es plausibel, dass die Industrien der lateinamerikanischen Länder im Wesentlichen auf Lizenzgrundlage arbeiten. Sie ist damit nicht selber innovativ und auch nicht an der Grundlagenforschung orientiert, sondern basiert auf Patenten aus anderen Ländern (insbesondere den USA) und auf einen Technologietransfer. Diese Technologisierungsbestrebungen haben daher die Abhängigkeit von den USA nicht aufgehoben, sondern eher verstärkt. Hinzu kommt die Verschuldungskrise, von der viele Länder, allen voran Brasilien und Argentinien, aber auch die ärmeren Andenländer sehr stark betroffen sind. Nicht zuletzt diese führt zu einer anwachsenden Armut der Massen, und die Produktionsstile wie die Produktivität der Industrien und neuen Technologien in den lateinamerikanischen Ländern führt eher dazu, dass der Wohlstand der Massen keineswegs angehoben wird. Sehr negativ bemerkbar macht sich auch das Fehlen sozialer Sicherungssysteme. Insbesondere die sozialen Modernisierungskosten des Industrialisierungs- und Technologisierungsprogramms werden nicht betrachtet.

Globalisierung mündet in eine technologische Homogenisierung mit einer anwachsenden technologischen Lücke, Technologietransfer in Assimilation und kulturelle Konvergenz. Sie konstituiert einen neuen technologischen Mythos von einer integrierten Welt. Soziale Planung und Programmierung führen eher zu einer Vereinheitlichung des Menschen als genetische Ingenieurkunst und psychologische Konditionierung. Die erste bis dritte Welt haben unterschiedliche Grade technologischer Entwicklung. Technologietransfer setzt einen Transfer von Symbolen voraus und produziert ihn auch (Mitcham 1993, 16f.). Dabei wird aus lateinamerikanischer Sicht der repressive Charakter der internationalen Arbeitsteilung angeprangert. Dieser führte zu unterschiedlichen Formen der Entwicklung. Die Wissenschaft habe mehr Menschen Unglück als Glück gebracht (Mitcham 1993, 19-21). Die Christianisierung Lateinamerikas implizierte bereits eine Europäisierung, die Technisierung erscheint als Instrumentalisierung demgegenüber neutral. Dennoch hat die Technologisierung ihren eigenen kulturellen Code (Mitcham 1993, 53).

Die Beteiligung der Bevölkerung an der politischen Entscheidungsfindung scheint ein fundamentales Bedürfnis zu sein (Mitcham 1993, 86). Fragen der Ethik entstehen auch dadurch, dass Technologie und Wissenschaft in sozialer Regie und unter sozialer Verantwortung angewendet werden sollen. Der Kollaps der Sowjetunion und des real existierenden Sozialismus in Osteuropa, aber nicht in der Dritten Welt, hat zu einer sehr unklaren Situation in der Diskussion über den Gebrauch und den Stand der Technik geführt (Mitcham 1993, 105-108). Ein wichtiges Desiderat ist eine konstruktive Philosophie der Wissenschaft und Technologie (Mitcham 1993, 164). Die Objektivität wissenschaftlichen Wissens ist nur eine Form des menschlichen Wissens. Dabei stellt sich die Frage, ob das Endresultat dieses Prozesses einer Wissenschaftstheorie von Wissenschaft und Technik eine reduktionistische Konstruktion einer wissenschaftlichen Realität ist oder ob dabei die regulative Idee der Wahrheit noch eine Rolle spielt

(Mitcham 1993, 170). Die technologische Entwicklung tendiert zur totalen Kontrolle der Realität. Dabei werden die Ziele der Technologien durch soziale Rahmenbedingungen festgelegt. Es geht um die Interpretation von Technologien als spezifische Lebensformen. Sie sind nicht wertneutral und fordern eine gesellschaftliche Steuerung (Mitcham 1993, 229). Dies führt zu einer verstärkten Berücksichtigung der Ethik in der Technikphilosophie unter Einfluss der STS-Forschung in den USA: Ein Produkt dieser Bemühungen ist: Mitcham/Huerta 2001.

Es besteht die Gefahr, Technik oder Technologie zu schnell zu definieren. Die Gefahr, die Ortega sieht, ist die, dass der Mensch sich allein auf technische Lösungen verlässt. Für Heidegger heißt heute nach der Technik zu fragen, nach der Wahrheit der Realität zu fragen. Dabei zeigt sich Realität als Bestand. Technik ist nicht gänzlich inhuman, hat aber zwingende Kraft (Mitcham 1993, 278). Es geht darum, die eigene lateinamerikanische Kultur zu berücksichtigen. Dabei ist Technik zum Teil der Kultur zu machen und das Verhältnis der Technik zum guten Leben zu analysieren. Die Technikkritik der 60er und 70er Jahre ist auch in Lateinamerika zu spüren. Wissenschaft und Technik werden als Produkte der Gesellschaft gesehen. Dabei ergeben sich Zweifel an der Technologie als Indikator gesellschaftlichen Fortschritts. Dafür wird insbesondere das ökologische Argument herangezogen. Die ökonomische Unterordnung führte zu einer Entfremdung von der Kultur. Technologische Selbstbestimmung in Lateinamerika ist nicht unabhängig von der internationalen Arbeitsteilung, die das technologische Loch angemessener anwendungsfähiger Technik noch verbreitert. Nicht überall stehen technische Hilfsmittel bereit. In der lateinamerikanischen Literatur wird Technik häufig als etwas gesehen, was das Leben durchkreuzt. Technologie ist als etwas Fremdes konzipiert, die Ausbeutung der Natur und der lokalen Arbeiter wird immer mehr zum Thema in der Literatur. Es beginnt eine Rückkehr zur Demokratie in Argentinien, Brasilien, Chile, Paraguay und Uruguay, die ermutigend ist, aber nicht die wirtschaftliche Entwicklung. Der Neoliberalismus hat zu einer Schwächung der sozialen Bewegung geführt (Mitcham 1993, 297). Dies sieht man nicht zuletzt an der Entwicklung in Argentinien und Brasilien.

Technische Höhe und technische Niveaus sind eng mit dem Gedanken von technischen Entwicklungspfaden verbunden. Ein technischer Entwicklungspfad konstituiert sich sowohl durch technische Tradition wie durch technische Innovation und beschreibt einen bestimmten Etappenendpunkt oder –einschnitt nach einer Phase des technischen Voranschreitens zumindest in der Zeit, häufig genug aber verbunden mit dem Gedanken der Verbesserung zumindest der technischen Mittel. Die Innovationsgeschwindigkeit ist allerdings häufig sehr unterschiedlich und kulturabhängig. Technische Niveaus sind aber keinesfalls allein durch den technischen Stand der Technik bestimmt. Sie sind Resultat von Standardisierungsprozessen und Folge eines gelungenen Einbaus von Techniken in gängige technische Praxen. Voraussetzungen für Standardisierungsprozesse und gelungenen Technologietransfer sind Akzeptanz und kulturelle Assimilation sowie die Verschränkung von technologischen Paradigmen. Dabei muss die Notwendigkeit von Führern für diese Prozesse betont werden. Zur Durchsetzung eines Paradigmas bedarf es der Kooperation und der Koordination. Nicht die technische Funktionalität ist unterschiedlich kulturell codiert, sondern die organisatorische Höhe, der Einbettungsgrad, ohne die eine Maschine nicht funktioniert oder sicher ist, ist kulturell bedingt. Technologie ohne entsprechenden Kulturtransfer alleine reicht nicht aus und erzeugt in der Regel mehr Umweltprobleme, als sie zu vermeiden ermöglicht. Sichere Technik ist eine Technologie in ihrem entsprechenden Kontext (Technik und Wartung). Angepasste Technologie ist ein sozialer und kultureller Status, der Technik nicht inhärent ist. Technik muss daher auf ein bestimmtes Ideal der Sicherheit, des Nutzers oder der Umweltfreundlichkeit hin entworfen werden. Und diese sind jeweils kulturell geprägt im Unterschied zur technischen Funktionalität, die häufig von Naturgesetzen konstituiert ist und daher als objektiv und wertneutral angesehen wird. Handhabung aber ist ein kulturelles Bewertungskriterium, häufig von Vorurteilen geprägt (z.B. über den Nutzer) oder eigenen Vorstellungen von Sicherheit und Umweltfreundlichkeit. Diese uneingestandenen Vorurteile und kulturellen Prägungen gilt es aber sich einzugestehen, zu reflektieren und zu thematisieren. Dies ist Aufgabe der Technologiereflexionskultur (Irrgang 2002b, Irrgang 2003a, Irrgang 2006).

Der Prozess des Lernens des Umgangs mit Maschinen ist zeitraubend und auf Versuch und Irrtum angewiesen. Dieser Weg ist nicht ohne Gefahren. Und dass die fremden Ingenieure „mehr" können als man selbst, erzeugt nicht nur fachliche Probleme, sondern Fragen der Anerkennung, des Sozialprestiges und der kulturellen Einbettung, die gelöst werden müssen, um Technologietransfer erfolgreich durchführen zu können. Aufgrund von Vernetzungs- und Rückkoppelungseffekten ergibt sich so etwas wie eine Struktur technischer Entwicklung, die sich allerdings zeitlich verändert, eine technische Kulturhöhe, ein Kulturniveau als ein sehr komplexer Relationsbegriff. Niveau stammt aus dem Französischen und meint Ebene, waagrechte Fläche. Man kann damit auch Trends des gesellschaftlichen Strukturwandels, Paradigmen des Gebrauchs technischer Mittel sowie kulturelle Muster und Verhaltensformen im Umgang mit Technik bezeichnen. Epochale Niveauunterschiede bestehen z.B. zwischen dem handwerklichen und dem industriellen Paradigma, es können aber auch geringere Unterschiede zwischen technischen Systemen und Strukturen selbst sowie insbesondere bei deren Einbettung auftreten. Unterschiede in der Einbettung sind nicht selten mit Ausbildungsfragen verbunden. Niveauunterschiede können also die technisch-industrielle Ebene betreffen, aber auch die kulturelle, die soziale und die institutionelle. Das größte methodische Problem sind die Vergleichbarkeit und die Paradigmen bzw. Parameter unterschiedlicher technikbezogener kultureller Niveaus, denn diese stehen im Rahmen der Fragen der Bewertung von Technologietransfer im Vordergrund.

Gemäß unserem westlichen Verständnis von Technologie hat das jeweils höchste technologische Niveau den jeweils höchsten Automatisierungs- und Rationalisierungsgrad. Für Entwicklungs- wie Schwellenländer aber ist das höchste technische Niveau oft gerade nicht erstrebenswert, weil angesichts des Angebotes von billigen Arbeitskräften nicht so viel Energie und teures Kapital eingesetzt werden sollte. Viele Zulieferer sind hier nicht in der Lage, die geforderten hohen Qualitätsstandards zu erfüllen, so dass Probleme mit dem Technologietransfer entstehen. Daher greifen Entwicklungs- wie Schwellenländer häufig auf nicht so neue Technologie zurück, die dann allerdings mit Rücksicht auf die Umweltbelastungen nicht den allerneuesten Stand aufweisen. Die Vorteile von arbeitsintensiveren und billigeren technischen Mitteln müssen gegen die Nachteile höherer Grade der Umweltbelastung abgewogen werden, am besten werden eigene Entwicklungen in Angriff genommen, die bei der Entwicklung technischer Mittel die Kriterien der (1) Arbeitsintensität, (2) Umweltfreundlichkeit, (3) geringen Anschaffungs- und Betriebskosten, (4) einfachen Handhabung und (5) Gewinnerwirtschaftung möglich machen. Die neue im Westen entwickelte Umwelttechnologie ist insbesondere im Energiebereich kostenintensiv. Also muss man hier nach Alternativen suchen, die möglicherweise im Bereich der Bioverfahren bzw. der nachwachsenden Rohstoffe liegen (Irrgang 2006).

Mit der Industrialisierung war in den Industrieländern eine ungeheuere Wohlstandsmehrung verbunden. Nun stellt sich aber in zunehmendem Maße die Frage, ob diese Wohlstandsmehrung ständig voranschreiten kann. In wachsendem Maße kommen die Kosten des Wohlstandes bzw. des Erhalts des Wohlstands zum Tragen. Wenn ein technisches Niveau erhalten werden soll, sind Reparaturen erforderlich und man kann nicht immer alles nach kurzer Zeit völlig neu zum Einsatz bringen, genauso wie man nicht nur mit dem höchsten technischen Niveau Geld verdienen kann. Oft ist gerade der Einsatz des jeweils höchsten technischen Niveaus nicht nur finanziell besonders riskant und für Länder mit finanziellen Problemen schon aus diesem Grunde nicht besonders erstrebenswert. Voraussetzung für technologische Niveaus sind Innovationen, die ständig neue Entwicklungspfade in Aussicht stellen sowie ein langfristig überschaubarer und stabiler institutioneller Rahmen. Dies ist auch Voraussetzung für Technologietransfer. Dieser Rahmen muss durch das kulturelle System, insbesondere seine sozioökonomische Dimensionierung gewährleistet sein. Zu dieser Stabilität muss auch die weltanschaulich–religiöse Dimension des kulturellen Systems beitragen.

Religion und Kultur scheinen zumindest für Europäer in Lateinamerika kein Problem zu sein, da aufgrund der Jahrhunderte langen spanisch/portugiesischen Kolonialisierung und Verdrängung der Indios in die Randgebiete eine quasieuropäische Kultur entstanden ist. Die Christianisierung der Indios (insbesondere in der Andenregion, aber auch im Amazonas) hat aber die ursprüngliche Naturmagie nicht zu verdrängen vermocht. Hier kann von einem Weiterbestehen von animistisch bzw. schamanistisch beeinflussten so genannten indigenen Vorstellungen gesprochen werden, auf das vermeintlich zurückgegriffen werden kann. In diesem Sinne wird in traditionellen Kontexten die Agrartechnik als Gebärhilfe bezeichnet im Sinne einer Hebammenkunst. Technik ist Unterstützung des natürlichen Wachsen Lassens und eine spezifische Kunst und Kompetenz, die vom Menschen in langer Arbeit erworben werden müssen. Praktiziert wird sie vornehmlich in den (Anden-) Regionen, in denen eine industrialisierte Landwirtschaft nicht möglich ist. Zyklische Zeitvorstellungen aus dem Bereich der kosmologischen Vorstellungen der indigenen Bevölkerung sind lokal verschieden gewisse Symbiosen eingegangen mit christlichen Vorstellungen, so dass hier ein Mischungsverhältnis bei den Zeit-Vorstellungen vorherrscht, das insgesamt ein etwas anderes Zeitverständnis als das des normalen Mitteleuropäers hervorbringt. Hinzu kommt, dass das Zeitverständnis insbesondere der Eingewanderten aus südeuropäischen Nationen nicht dem Zeitgefühl der Indigenen entspricht.

Das Konzept der Kultur kann verstanden werden als die Bedeutung der Totalität einer Gesellschaft im Hinblick auf ihr materiales und nichtmateriales Wissen und Praktiken, ohne die sie sich nicht in ihrer Existenz erhalten könnte. Die Kultur vermittelt existentielle Rahmenbedingungen für die Bedeutung von Bedeutung und Bezeichnung. Traditionelle Kulturen könnten als Hindernisse für die Modernisierung erscheinen. Wir müssen aber einen Prozess beginnen, den Punkt herauszufinden, an dem zwei Kulturen interagieren, einen Punkt, der ihre kulturelle Identität erhellt und doch der ökonomisch schwächeren Kultur eine Position erlaubt, ihre eigene Technologie zu erfinden. In der Dynamik des Kulturwandels erfahren die Werte eine ständige Neubewertung. Dabei ergibt sich eine Verträglichkeit von Kultur und Technologie. Die Interaktion der Kosmologie, Rationalität und der Technologie führt zu einem kulturellen Rahmenwerk (Barloewen 1995, 20-23).

Die spanischen Eroberer führten ihre Technologie ohne Rücksicht auf die Kultur der Eroberten ein. Sie arbeiteten mit fremden Techniken, die man nicht selbst hervorgebracht hat (Barloewen 1995, 24-29). Die Krise in der Entwicklungskonzeption im Bereich der Technologie von Entwicklungsnationen war immer auch eine Krise der Entwicklungstheorie selbst. Diese bezieht sich insbesondere auf angewandte Technologie (Barloewen 1995, 44f). Die Kosmologie Lateinamerikas vorcolumbianischer Kulturen leitet sich von einer magisch-mythischen Nähe des Menschen zur Natur und einem Sinn für die Einheit mit der ganzen Erde ab. Die Götterlehre Lateinamerikas wird in Mythen über die Natur grundgelegt. Es sind einheimische und indigene Kulturen. Das Inkareich wurde selbst durch eine Reihe von Eroberungen geschaffen. Es blieb aber letztendlich das Trauma der Eroberung zurück. Das spanische Gerichtswesen führte zu einer weiteren mangelnden Integration der neuen Technik in die Gesellschaft. Der Niedergang der Inkas geschah zunächst durch Seuchen. Die christliche Religion wurde der Indiokultur angepasst. Die Indiowelt hat eine tiefe mythologische

Verknüpfung und einen mythologischen Kern. Dieser besteht in der Meinung, dass die Menschen mit der Erde in einer Art von Familie koexistieren. Trotz 500 Jahre katholischer Missionierung ist die Erde für die Andenbewohner immer noch ein Zentrum und ein Schlüssel der indianischen Kosmologie im Sinne der Quelle des Lebens und der Fruchtbarkeit (Mutter Erde; Irrgang/Maliandi 2003). Der Beginn des Jahres wird mit der Erneuerung des Lebens identifiziert. Es läuft ein streng beschreibbarer Lebenszyklus ab (Barloewen 1995, 54-66).

Die Andenzivilisation hatte keine Naturwissenschaft im europäischen Sinn. Sie geht aus von einer speziellen Einheit von Theorie und Praxis. Daher ist ihr die europäische Technologie fremd. Eine an der Vergangenheit orientierte Mythologie und magische Praxis liegen hier zugrunde. Dies erwies sich als sehr schwierig für Indiokulturen, Geld als Zahlungsmittel und austauschbaren Wert zu akzeptieren. Verschiedene Widerstände gegen die Einbürgerung fremder Kulturen gehen von der Indiokosmologie aus. Die Erde und die empirische Welt hatten in der Andenkultur nie eine bloß empirische Bedeutung. Es gab keinen Platz, in dem sich Technologie unbeeinflusst entwickeln konnte. Die andine Gedankenwelt kann zwar von ihrer mythischen Basis nur in der Theorie befreit werden, nicht aber in der Praxis. Zugrunde liegt ein Animismus, ein Glaube an die Gelebtheit der Natur. Wissen, Religion und die Ökonomie sind miteinander verknüpft. Der Mayakalender hat eine gewisse Ähnlichkeit mit der westlichen Wissenschaft hinsichtlich der Genauigkeit der Beobachtungen. Selbst der bäuerliche Kalender der Inkas und ihres religiösen Systems, wie wir dies aus dem Buch von Felipe Guzman Poma de Ayala (1560-1641) kennen, war in seinem letzten Wesen mythisch. Die Haupthandelnden in diesem Kalender waren astronomische, kalendarische und klimatische Phänomene, die als mythologische Götter gedacht wurden, nicht als rationale Ursachen klimatischer Phänomene. Es besteht ein inhärenter Widerspruch zwischen dem ursprünglichen andinen Wissen und der Logik westlicher Technologie. Der Andenregion mangelt offenkundig die Sicherheit einer ausbalancierten Ökologie. Das Experimentieren war nicht abstrakt wie in Europa, sondern bezog sich auf konkrete Beispiele (Barloewen 1995, 68-82).

Eine Arbeitsethik gibt es im Christentum, in der japanischen Religion und in islamischen Kulturen. Auch die evangelische Ethik hat eine solche hervorgebracht. Im Hinblick auf die Indios aber gibt es sehr viele, die diese Arbeitsethik nicht haben. Ein großer Teil der Indios, speziell der Bevölkerung in der Andenregion, haben den Prozess der Modernisierung heruntergefahren. Die chronische verwaltungsmäßige und ökonomische Ineffektivität ihres Systems ist offenkundig. So ist also auch der lateinamerikanische Mangel von Vertrauen in die eigenen produktiven Potentiale verständlich. Es gibt in diesem Sinne eine negative nationale Identität. Die traditionelle lateinamerikanische Gesellschaft hatte eine Orientierung in Richtung auf das Seiende sehr viel mehr als im Hinblick auf das Machen und eine rückwärtsgewandte Grundbetrachtungsweise im Hinblick auf die Zeit, in der Indios zivilisatorisch hochstehend waren. Daher erscheint es ihnen nicht möglich, sich auf langfristige Projekte einzulassen bzw. langfristige Projekte zu konzipieren. Insgesamt wird die Transzendenz betont, und eine theozentrische Wertorientierung führt zu unterschiedlichen Konzepten der Würde des Menschen (Barloewen 1995, 92-108).

Aufgrund dieser 500-jährigen Kolonialgeschichte kann Lateinamerika in der Regel nicht in die Zukunft schauen. Lateinamerika spiegelt die eigene Kultur wider, nicht die europäische. Es finden sich Symbole einer kollektiven Erinnerung. Die lateinamerikanischen Kolonien blieben eine hierarchische Gesellschaft (Barloewen 1995, 115-125). In Lateinamerika ist ein Prozess der Fragmentierung und Partikularisierung an die Stelle des europäischen Projektes der Modernisierung getreten. Das Projekt der europäischen Modernisierung bedroht die kulturelle Identität von Staaten mit verschiedenen ethnischen Gruppen. Die Ziele rationalisierter Produktion werden angesichts des kulturellen Pluralismus und der agrarischen Struktur in den Andenregionen schwer durchzusetzen sein. Die lateinamerikanische Kultur ist a priori nicht homogen. Man kann allerdings von einer dominanten kreolischen Kultur sprechen. Vor der industriellen Revolution gab es in Europa eine ausgeprägte Handwerkskunst; in Lateinamerika entwickelte sich dergleichen nicht. Hinzu kommen das Trauma der Diktaturen und die ständige Unsicherheit. So entstanden wissenschaftliche und technologische Lücken und eine Rückständigkeit in der Entwicklung in Lateinamerika (Barloewen 1995, 129-148).

Technologische Fähigkeiten und technische Entwicklung hängen von der technologischen Erziehung ab. Eine indigene Technologie muss durch viele verschiedene Voraussetzungen unterstützt werden. Es kam aber zu einem Verschwinden der einheimischen Technologie. Insofern muss die Bedeutung technischer Ausbildung stärker ins Bewusstsein gehoben werden. Importierte Technologie bedarf auch einer importierten Kultur. Die geringe Bedeutung naturwissenschaftlicher Studien in Lateinamerika macht eine unterschiedliche kulturelle Einstellung auch gegenüber der Technologie bemerkbar. Moderne Naturwissenschaft muss noch in die lateinamerikanische Kultur integriert werden. Jetzt herrscht im Wesentlichen ein technologischer Pragmatismus (Barloewen 1995, 161-181). Die Dichotomie zwischen Tradition und Modernität ist noch zu überwinden. Die Modernität kam spät nach Lateinamerika und Modernisierung wird im Wesentlichen mit Entpersonalisierung gleich gesetzt (Barloewen 1995, 187-189).

Den Alltag durchziehen Opferrituale, Alltagsmagie und Glaube an Astrologie. Hier gibt es Spannungen zwischen der instrumentellen Rationalität der Europäer und der Magie im technischen Alltag mit seinen technischen Ritualen in lateinamerikanischen Ländern. Technik konstruiert, Magie lässt wachsen und geschehen. Ein möglicher Ausweg: die Anerkennung von implizitem Wissen, technischen Kompetenzen und trainierten Fähigkeiten. In diesem Bereich (der nicht-wissenschaftlichen Technik) ist eine klare Trennung von Technik und Magie nicht möglich. Die Technik wird als kulturbildende Kraft gesehen, aber es fehlt an lateinamerikanischer Technik. Dies führt in bestimmten Bereichen zu Problemen mit der lateinamerikanischen Identität, die in den 90er Jahren nach der Zeit der Militärdiktaturen in zunehmendem Maße gesucht wird. Insofern ergeben sich Fragen der lateinamerikanischen Identität nicht zuletzt aufgrund der Probleme des Technologie- und Kulturtransfers. Nach der Besiegung der Militärdiktaturen und im Aufhören der Militärdiktaturen stellt sich erneut im starken Maße angesichts der Abhängigkeiten vom Ausland sowohl hinsichtlich des Technologietransfers wie des Kulturtransfers die Frage nach der eigenen lateinamerikanischen Identität. Dies ist ein kritischer Punkt im Konzept oder im Rahmen des Technologietransfers. Obwohl die Ausrichtung an kulturellen Werten im südlichen Lateinamerika sehr stark nach Europa erfolgte, hat der Pragmatismus der US-amerikanischen Philosophie in der Zwischenzeit an Boden gewonnen (Irrgang/Maliandi 2003).

So erfolgt in den letzten Jahren eine gewisse Rückbesinnung auf vermeintlich eigene Wurzeln in der andinen Kultur, die Hochkulturen der Inkas, Mayas und der Azteken, die Hochzivilisationen und eine bestimmte Form von Technik bereits jeweils zu hoher Perfektion getrieben haben. Es gibt Bemühungen einer Rückkehr zu einer eigenen Kultur und zu einer Verknüpfung des Schutzes von Indigenen mit dem Schutz von insbesondere Regenwaldregionen. Allerdings sind Indigene nicht per se umweltfreundlich, sondern genauso nutzen- und überlebensorientiert wie andere Bevölkerungsgruppen in Lateinamerika. Insofern ist es nötig, ihr umweltgerechtes Verhalten zu belohnen. Im großen Ganzen ist davon auszugehen, dass die indigenen Kosmologien keinen Gegensatz von Natur und Technik kennen. Von daher wird vielleicht verständlich warum die These einer unästhetischen wilden Natur, wie sie von der europäischen Aufklärungsphilosophie im 18. Jahrhundert formuliert worden ist, in Lateinamerika eine Jahrhunderte lange intensive Diskussion hervorgerufen hat. Insbesondere Alexander von Humboldts Vorschlag, dass die Natur in Lateinamerika nicht unästhetisch, sondern anders ist, hat großen Anklang gefunden, rettet sie doch das Selbstbewusstsein und die lateinamerikanische Identität. Denn nun kann man folgende Schlussfolgerung ziehen: „Wenn wir schon Technik importieren müssen, so haben wir doch eine schöne eigene Natur". Allerdings wird allein die Rückbesinnung auf vermeintlich andine Natur- und Technikinterpretationen für eine neue lateinamerikanische Technikphilosophie nicht ausreichend sein (Irrgang/Maliandi 2003).

Ausgehend von der lateinamerikanischen Kultur in der jeweils landesüblichen Ausprägung gehört zu den dringlichsten Aufgaben die Stärkung der Demokratie angesichts der Gefahren der Globalisierung für die Ökonomie insbesondere der ärmeren Länder. Die Rückbesinnung auf die eigene Tradition, z.B. auf die andine Technologie, kann dabei allerdings nicht der alleinige Maßstab sein, obwohl dieser den Blick für die eigene Kultur schärfen kann. Wichtig ist auch der Blick in die Zukunft. Dieser zeigt die Bedeutsamkeit der Technik auch für die Philosophie – angesichts anwachsender Technologisierung der Wirtschaft und Einbezug in eine globalisierte Ökonomie wird Technik immer wichtiger in der Selbstreflexion des Menschen als eines gemeinschaftlichen Wesens. Die Auseinandersetzung mit moderner Technologie bringt ein Anwachsen der ethischen Reflexion mit sich: über Medizinethik hinaus werden Bioethik im Sinne der Tierschutzethik und Umweltethik angesichts der Ausweitung der Gentechnologie von Bedeutsamkeit, aber auch Fragen der politischen Ethik und der Wirtschaftsethik genießen wachsendes Interesse. Dies macht auch eine Modernisierung der Technikphilosophie erforderlich. Dazu ist die Entwicklung eines kulturellen Verständnisses technologischer Entwicklung von großem Interesse – und der Boden der eingeführten phänomenologischen Technikphilosophie in weiten Bereichen des südlichen Lateinamerikas auch wohl vorbereitet.

Das Verhältnis von Produktion, Konsum und Konstruktion sollte vor dem Hintergrund kultureller Entwicklung neu durchdacht werden. Dann wird auch die ethische Dimension technischer Entwicklung deutlicher zutage treten. Allerdings ist die Kolonialisierung nicht nur auf technische Ungleichheit zurückzuführen, weder zu Columbus Zeiten noch heute. Schon damals hingen Sieg oder Niederlage auch von differierenden kulturellen Leitbildern ab. Daher sind Programme wie unreflektierter Technologietransfer (ohne Rücksicht auf die kulturelle Dimension), Angleichung des technischen Niveaus in allen Bereichen und nachholende Industrialisierung falsch angesetzt. Internationale Arbeitsteilung setzt unterschiedliche Technologisierungsstrategien voraus, wenn es gelingt, Arbeitskraft in Entwicklungsländern angeglichener zu entlohnen. Noch ist ein umfassendes kulturelles Verständnis weder für Lateinamerika noch für Europa oder die gesamte Welt entwickelt. Eine große Aufgabe liegt vor uns. Wichtig hierfür ist die Frage nach dem richtigen Pfad der Modernisierung, d.h. dem angemessenen Verständnis von Rückbesinnung auf (auch technische) Traditionen und Innovationen technisch-ökonomischer Art für die einzelnen lateinamerikanischen Länder. Aber auch aus der Sicht der jeweiligen Industrieländer ist die Frage nach angemessenen Formen des Technologietransfers zu beantworten.

5) Technologietransfer als Grundlage für eine neue kulturelle Identität im Zeitalter der Globalisierung

Die Begrenzungen der europäischen Idee von Entwicklung zu überwinden ist Ziel einer Konferenz in Dänemark im Jahr 1995. Hier sollen transkulturelle Dialoge und ökonomische Entwicklung zusammengebracht werden. Ein zentraler Punkt dabei ist die Frage nach der kulturellen Identität in modernen Gesellschaften. Es geht um die Konstitution von Selbstheit und eines Selbstverständnisses. Zur Ausbildung von Identität, Lebensplänen und Visionen des guten Lebens für ein einzelnes Individuum ist die Mitgliedschaft in verschiedenen sozialen Gruppen sehr wichtig (Rendtorff u.a. 1997, 8-11). Zugrunde liegt zunächst einmal die europäische Idee einer Universalhistorie, wie sie im 18. Jh. entwickelt worden ist. Ökonomische Entwicklung ist eine Idee des 19. Jh., während kulturelle Entwicklung möglicherweise erst im 20. Jh. aufkommt. Zugrunde liegt aber die moralische Idee eines guten Lebens (Rendtorff u.a. 1997, 16-19).

Utopien waren schon immer die Konstruktion von alternativen Gesellschaftsmodellen. Es handelt sich um ein soziales Gedankenexperiment, wobei die Rationalität utopischer Entwürfe Gegenstand philosophischer Überlegungen ist. Die Neuzeit mit ihrer Aufbruchstimmung begleitet die weitere Entwicklung mit derartigen Utopien (Rendtorff u.a. 1997, 21-24). Für die Idee einer adäquaten Entwicklung ist der institutionelle Hintergrund (Erziehungswesen, Infrastruktur usw.) von entscheidender Bedeutung. In den meisten Entwicklungsländern ist dieser institutionelle Hintergrund für die Globalisierungsprozesse noch nicht ausreichend. Zentral für eine solche Idee der Entwicklung ist das Konzept sozialer Verantwortlichkeit. Diese führt zum Versuch, Visionen einer neuen Weltordnung zu entwickeln. Es geht um fundamentale strukturelle Änderungen. Diese sind Teil einer erweiterten sozialen Verantwortung für eine menschenzentrierte Entwicklungskonzeption. In denen geht es im besonderen Maße um das Gesundheitswesen, humane Arbeitsplätze und die Möglichkeiten eines guten Zusammenlebens (Rendtorff u.a. 1997, 56f.).

Die europäische Idee von Entwicklung ist fundamental geprägt von Gedanken der Innovation und dem Gestalten von Technologie. Dieses Konzept betrifft etwa 800 Millionen zahlungskräftige Konsumenten. In gewisser Weise führt dies zu einem unvermeidlichen ökonomischen Krieg. Eine der Lösungsmöglichkeiten wäre eine neue Allianz zwischen Unternehmen und Staaten. Die anwachsende soziale Ausschließung von immer mehr Menschen, die nicht zahlungskräftig sind und nicht die entsprechenden Chancen auf Entwicklung bekommen, führt wohl über die Herabsetzung des Wettbewerbs. Der Abschluss eines weltweiten Sozialvertrags müsste umfassen:

(1) Kontrolle des weltweiten Kapitalflusses,
(2) Steuern auf Kapitalgewinne, insbesondere spekulativer Art,
(3) Aufhebung von Steuerparadiesen,
(4) kompensatorischer Finanzstock zur Finanzierung von Entwicklung,
(5) Ökosteuern,
(6) Institutionen zur Bekämpfung von Trusts,
(7) Schaffung neuer internationaler Institutionen,
(8) Umverteilung von Ressourcen (Rendtorff u.a. 1997, 65-78).

Don Ihde weist in seinen Überlegungen zu transkulturellen Begegnungen vor dem Technologiehintergrund darauf, dass das Wahrnehmen des anderen immer schon von Ethnozentrismen begleitet ist. So sahen die Europäer die Japaner oder die Chinesen auf ihre Art, umgekehrt aber sahen auch die Japaner und die Chinesen die Europäer auf ihre Art. Also stellt sich die Frage wie Fremde sich gegenseitig betrachten und miteinander in Kommunikation treten können. Bei der Beschreibung der Gefangenen von Kolumbus in Spanien und ihrer Erfassung auf Gemälden wird deutlich, dass sie stark europäische Züge tragen mit wenigen Ausnahmen der Merkmale, die er für ihre Rassemerkmale hielt. Verglichen mit Fotografien sehen wir den Unterschied wie wir meinen zwischen der früheren ideologischen Sichtweise und einer heute fotografisch realistischen Sichtweise. Aber schafft die Fotografie tatsächlich einen neuen Realismus? Jeder sieht nach wie vor den Anderen gemäß seinen eigenen ethnozentrischen Perspektiven, auch wenn Gesichtszüge und Körpermerkmale auf Fotografien realistischer dargestellt sind als auf Gemälden. Hat also die Kamera eine neue Art des Sehens erfunden? In gewisser Weise kann man das schon sagen, denn die gröbsten Vorurteile können nun durch einen Blick auf die Fotografie einfach widerlegt werden. Dennoch hat die Fotografie nicht dazu geführt, dass eine Plurikultur aufgehoben worden wäre oder gar nicht hätte erst entstehen können (Rendtorff u.a. 1997, 80-93).

Identität hat sehr viel mit Heimat zu tun. Außerdem gehört dazu die Überwindung der Machtlosigkeit nicht um der Ausübung von Macht willen, sondern um Zurückgebliebenen in Solidarität zu helfen. Häufig wird eine Ethik der Begrenzung vertreten, die Identität ermöglichen soll. Auch das traditionelle Tugendkonzept findet wieder häufig Anwendungen. Aber persönliche Tugenden bleiben häufig machtlos, wenn sie nicht in größeren Arrangements aufgehen. So müssen minimale humanitäre Standards formuliert werden, auf deren Einhaltung dann auch gepocht wird (Rendtorff u.a. 1997, 104-151).

Der Zwang zur Übernahme neuer Technologien ergibt sich aus der Struktur der Globalisierung selbst. Bereits Anfang der 90er Jahre wurde offenkundig, dass die zügige Übernahme neuer Technologien und deren rasche Umsetzung in marktfähige Innovationen den Wettbewerb zunehmend bestimmen und eine wesentliche Voraussetzung für die Beherrschung des technologischen Wandels darstellen. Technologietransfer von Hochschulen und anderen öffentlichen Forschungsinstitutionen in die entsprechenden Unternehmen geschehen, um Umsätze zu steigern, Kosten zu senken und Arbeitsplätze zu sichern. Es ist letztendlich ein Umsetzungsproblem. In Deutschland wird der Technologietransfer in vielfacher Form behindert. Die Erzeugung von Innovationen in öffentlichen Einrichtungen wie Universitäten und für die Umsetzung ist problematischer als die Innovationsforschung in der Industrie selbst. Dabei hat die Bundesrepublik keine schlechte Technologieinfrastruktur. Neben einem breiten Angebot an hochwertigen Technologien privater und öffentlicher grundgeförderter Forschungseinrichtungen besteht in Deutschland kein echter Mangel. Allerdings tritt beim Technologietransfer häufig mangelnder unternehmerischer Geist auf. Hinzu kommen oft gravierende Managementfehler beim Technologietransfer. Geeignete Partner werden nicht gefunden. So kommt es zu eigenen F. u. E. Einrichtungen und zu einem interaktionsbezogenen Ansatz. Häufig gibt es keine zureichenden Kenntnisse über die einzelnen Elemente des Technologietransfers. In vielen Bereichen entstehen technologieorientierte Existenzgründungen. Diese untersuchen die Transferqualität. Dabei sind zentral die Innovationshaltung des Transfernehmers sowie die Managementqualitäten von Transfernehmer und

Transfergeber und die Unternehmenshaltung des Transfergebers (Walter 2003, 1-12).

Die Elemente des Technologietransfers sind Transferobjekt, Transferpartner, Transfermittler, Transferprozess und Transferumfeld. Die Formen des Technologietransfers sind Auftragsforschung, Lizenzen, Kooperationen, Personaltransfer, Informationstransfer, Schulung und Weiterbildung sowie Beratung. Typische Hemmnisse des Technologietransfers sind Barrieren des Nichtwissens, des Nichtkönnens, des Nichtwollens und des Nichtdürfens. Kompetenzprobleme und personale Widerstände zählen am meisten. Es gibt auch Versuche, für Transferqualität Messinstrumente zu entwickeln. Die Wirkung der Technologietransferqualität auf den Technologietransfer wird immer unterstellt. Die Strukturvariable Transferqualität hat ihre eigenen Schwierigkeiten und Bedeutungen. Die Wirkung der Transferqualität auf den Transfererfolg wird immer behauptet, ist aber nicht so einfach nachzuweisen. Es geht hier insbesondere um die Berücksichtigung situativer Einflüsse. Forschung, Entwicklung, Diffusion sind wichtig. Die Entscheidung zur Nutzung einer Innovation ist von bestimmten Kriterien abhängig. Es liegt ein Adpotionsprozess zugrunde. Neue Technologien müssen einen relativen Vorteil, eine Kompatibilität, Flexibilität und Erprobbarkeit sowie Kommunizierbarkeit aufweisen. Das Eingliedern in die Organisationsstrukturen und Organisationskultur von Innovationen bedeutet die Eingliederung in Netzwerkbeziehungen. Die Kompetenzen zur Übernahme manifestieren sich und werden erfolgreicher durch Top-Management Unterstützung. Die Übernahme von Innovation ist gekennzeichnet durch Bedarfsunsicherheit, durch entsprechende Strategien und die Zusammenarbeit zwischen Lieferant und Adapter (Walter 2003, 13-56).

Die Analyse der Integration von Erkenntnissen der Forschung in den Produktionsalltag im Sinne von Innovationsdiffusion hat für die theoretische Analyse des Technologietransfer entscheidende Erklärungsmerkmale für Transferverlauf und Transferergebnis geliefert. Demnach erscheinen fünf Variablen als besonders wichtig: Neben den Technologieattributen, den Technologienehmereigenschaften und Umwelteinflüssen sind dies vor allem auch Technologiegebereigenschaft und Zusammenarbeitsmerkmale (Walter 2003, 59). Entscheidend sind zufriedenstellende Erfahrungen in den Geschäftsbeziehungen. Hierfür Garanten sind Schlüsselpersonen. Interventionen und die Akzeptanz von Einfluss sowie Interaktionsformen und Austauschbeziehungen sind Gegenstand der empirischen Technologietransferforschung. Technologietransfereigenschaften und Technologieattribute spielen ebenfalls eine zentrale Rolle. Die technische Vorteilhaftigkeit und wirtschaftliche Transfererfolge gehören zusammen. Die Kompatibilität und Erprobbarkeit von Innovationen sind ebenfalls zentral. Der Reifegrad einer Technologie und der Adaptionserfolg stehen in einem Zusammenhang. Dabei sind oft geringer Neuigkeitsgrad und wirtschaftlicher Erfolg gekoppelt. Die Komplementarität und der Transfererfolg hängen zusammen. Beide sind von der erwarteten Produktionsqualität abhängig. Technologien mit geringer Komplexität können ohne lange Testphase und gravierende Umschulung des Personals in den Empfängerländern hergestellt und angewendet werden (Walter 2003, 67-89).

Der Transfererfolg hängt ab von der Erkennbarkeit der Technologievorteile, der Teilbarkeit der Technologie, der Verständlichkeit und Anpassungsfähigkeit der Technologie. Das sind die vier Aspekte der Technologiequalität. Die Auswahl der Eignung des Technologietransferpartners ist ganz entscheidend. Dazu bedarf es der Beschaffung von Informationen aus der Transferumwelt und die Koordination der Zusammenarbeit. Das Erzielen von Verhandlungsergebnissen und der Bereitstellung von Ressourcen dafür ist entscheidend. Auch letztlich dafür ob Anpassungen gelingen oder nicht. Die Eigenschaften der Technologietransferparteien: technologisches Know-how, Topmanagementunterstützung, Methodenkompetenz, Beziehungen, Kooperationserfahrungen, Motivation, Marktorientierung, Organisationskultur. Die technische Qualifikation der Mitarbeiter und innovationsorientierte bzw. risikofreudige Organisationskultur sind zentrale unterstützende Faktoren. Der Umwelteinfluss ist ebenfalls nicht zu unterschätzen wie der Einfluss von gesetzlichen Regelungen. Positive Markterwartungen und Konkurrenzdruck spielen dabei eine Rolle (Walter 2003, 90-109). Die Aufgabenkoordination und die relative Vorteilhaftigkeit einer Technologie sind entscheidende Elemente bei der Bewertung des Transfererfolges und sind darin von ganz entscheidender Bedeutung für eine Theorie technisch ökonomischer Entwicklung.

6) Interkulturelle Begegnung und eine neue lateinamerikanische Identität

In dem Buch von Herrn Hofstede geht es um die kulturellen Unterschiede, die die interkulturelle Begegnung erschweren. Die meisten Bürger gehen auch heute noch davon aus, dass ihre Kultur die Mitte der Welt ist. Das persönliche Verhalten richtet sich aus an der einmal erhaltenen Erziehung, wobei man die Grundregeln des sozialen Spiels beibehält, auch in veränderter Umgebung. Kultur manifestiert sich in verschiedenen Denkweisen, aber gemeinsamen Problemen, die eine Zusammenarbeit erfordern. Die Unterschiede im Denken, Fühlen und Handeln von Persönlichkeiten entstammen der Natur als mentaler Programmierung. Kultur besteht in den Denk-, Fühl- und Handlungsmustern, die man in seiner Jugend erlernt. Menschliche Natur, menschliche Kultur und menschliche Persönlichkeit gehören zusammen. Die kulturellen Charakterzüge wurden oft der Vererbung zugeschrieben. Es geht aber in besonderem Maße um den Einfluss des Lernens von früheren Generationen. So tritt ein gewisser kultureller Relativismus auf. Kultur manifestiert sich in Symbolen, Helden, Ritualen und bestimmten Werten, wie z. B. dem Toilettentraining und Tischsitten (Hofstede 2006, 1-7).

Kultur manifestiert sich in sozialen Regeln und in ihren Sanktionen. Ein kultureller Wandel lässt sich feststellen und dieser manifestiert sich in wechselnden Rollen und beständigen Werten. Der Hauptgrund für die kulturelle Vielfalt liegt in der Anpassung an neue natürliche Umgebungen. Militärische Eroberungen, die Ausbreitung der Weltreligionen und ihre Abspaltungen, wissenschaftliche Entdeckungen, Entdeckungen und Reisen führen zu Neuerungen und Innovationen auch im kulturellen System. Unterschiedliche Kommunikationsformen, z. B. beim Telefonieren, entstammen der kulturellen Prägung. Gibt es dabei nationale Managementkulturen in Unternehmen? Ja, Führungskulturen wurden von der vergleichenden Kulturforschung untersucht. Dabei spielt das Messen von Werten eine zentrale Rolle. Das Wünschenswerte bezieht sich auf den Menschen im Allgemeinen. Das Wünschenswerte bezieht sich aber eher auf die Ideologie, auf die Praxis. So führen Mitarbeiterstudien und die Erhebung von Mitarbeiterkompetenzen zu kulturellen Unterschieden. Die sogenannten Kulturpunktwerte als Theorie der Klassifizierung nationaler Kulturen hebt die kulturellen Unterschiede hinsichtlich Region, Religion, Geschlecht, Generation und Klasse hervor (Hofstede 2006, 11-43).

In einer Gesellschaft gibt es kulturell bedingt Gleichheit und Ungleichheit. Der sogenannte Machtdistanzindex (MDI) beschreibt den Umgang mit Untergebenen in Unternehmen. Gesellschaftlich wird ungleiche Machtverteilung durchaus akzeptiert. Insofern gibt es so etwas wie soziale Schichtung, Bildungsniveau und Beruf. Machtdistanzunterschiede haben ihre Wurzeln in der Familie, genauer gesagt in der Behandlung der Kinder. Gefolgt wird dies von der Erziehung in der Schule, am Arbeitsplatz und das Training für soziale Rollen. Der Aspekt der Disziplin spielt eine zentrale Rolle, genauso wie die Autorität. Die Grenze zwischen Schenken und Bestechen ist dabei fließend. In Japan, China und in vielen anderen Kulturen ist Schenken ein wichtiges Ritual, in Europa nennen wir manche dieser Formen Korruption. Die Beschäftigung mit Macht und Ungleichheit findet in China bereits bei Konfuzius statt. China und von dieser Tradition beeinflusste Länder und Kulturen akzeptieren große Machtunterschiede. Der Export von Ideen in andere Länder ohne Rücksicht auf den Wertezusammenhang, in dem diese Ideen entstanden sind, und die Übernahme durch gläubige Menschen in diesen Ländern findet nicht nur in der Praxis statt, sondern kann auch auf anderen Gebieten, insbesondere in der Erziehung und besonders beim Management und Organisationen beobachtet werden. Dies ist beispielsweise der Fall, wenn im Hinblick auf die Behandlung von Mitarbeitern die USA als Vorbild genommen, die einen geringen Machtdistanzfaktor hat. Dies ist eine völlig andere Konzeption über Führung von Mitarbeitern als die in China. Wohlstand gilt ebenfalls als Machtdistanzfaktor. Die Industrie, die Technologisierung erhöhen die Bevölkerungsgröße, welche ebenfalls Auswirkungen auf den Machtdistanzfaktor hat (Hofstede 2006, 51-98).

Die Wir-Gruppe bildet die Hauptgruppe der Identität, die große Familie. Individualismus ist nur bei einer Minderheit der Menschen der oberste Wert. So geht es für einen interkulturellen Vergleich um die Messung des Grades an Individualismus. China steht für den Kollektivismus. Das bedeutet: Toleranz gegenüber anderen, Harmonie mit anderen, Fehlen von Konkurrenzdenken, ein guter vertrauter Freund, Vertrauenswürdigkeit, Zufriedenheit mit der eigenen Stellung im Leben, Solidarität mit anderen, Konservativ sein, Respekt gegenüber den Eltern, Keuschheit bei Frauen und Patriotismus. Diese Einstellung führt zu patriarchalischen Strukturen (Hofstede 2006, 101-111). Kulturell geprägt ist auch Maskulinität und Femininität. Was anders ist, ist gefährlich und es geht in der Kultur auch um Vermeidung von Unsicherheit und Angst (Hofstede 2006, 228). Langzeit- und Kurzzeitorientierung sind ebenfalls kulturell geprägt. Planung, Kontrolle, Buchführung im Sinne des Rituals? Buchführung ist ein unsicherheitsvermeidendes Ritual. Budgetkontrolle und Haushaltsplanung sind für kollektivistische Ansätze wichtiger. Wirtschaftliche Institutionen sind institutionell und traditionell sehr unterschiedlich. Eine Einstellung des Kaufens und Verkaufens, des Einstellens und des Feuerns ist der Hintergrund für einen individualistischen Kapitalismus. Eine Kombination von Machtdistanz, Unsicherheitsvermeidung und Maskulinität stellt das westliche Ideal dar. Die Familieninteressen haben demgegenüber zurückzustehen. Die Definition des Platzes in einigen Unternehmen ist in der Hierarchie im Sinne der Hierarchie von großem Interesse. Übertragung von Verantwortung und die Aufteilung von Einfluss genauso wie die Beschwerdekultur hängen ab von der eindeutigen Stellung des Platzes im Unternehmen und einer positiven Mitarbeiterführung. Der Nationalist definiert die Denkweise der Organisation (Hofstede 2006, 354-381).

Die Organisationskultur ist die kollektive Programmierung von Gesellschaften und ihren Unternehmen. Diese ist nur schwer zu verändern. Unterschiede zwischen der Organisation und nationalen Kulturen sind gegeben. Organisationssymbole wie Helden, Rituale und Werte sind für kulturelle Organisation von entscheidender Bedeutung. So gibt es ganz spezifische Berufskulturen. Auch der Fachpromoter sollte eine charismatische Führungsgestalt sein (Hofstede 2006, 333-432). Kulturelle Identitätsunterschiede gehen auf Praktiken zurück. Sie bestehen in gemeinsamen Symbolen, Helden und Ritualen und nicht unbedingt in Werten. Man kann kulturelle Werte beeinflussen. Insofern spielen Identitätsunterschiede eine gewisse Rolle bei der Tragweite und Bedeutung kultureller Identifikation. Der Fremde erlebt zunächst so etwas wie einen Kulturschock und sein Inneres muss dann eine kulturelle Anpassung leisten. Mentale Stabilität aufgrund einer kulturellen Anpassung ist daher ein wichtiger Motor für die Angleichung an die bestehende Gesellschaft. Die Begegnung von Gruppen führt zu Auto- und Hetero-Stereotypen. Die kulturelle Integration ist nur bei Gleichberechtigung möglich. Sprachkompetenzen und Humor sind wichtig für kulturelle Integration. Die interkulturelle Begegnung im Tourismus und in der Schule ist durchaus unterschiedlich. Sie betreffen Minoritäten, Migranten und Flüchtlinge. Die dritte Generation von Migranten geht oft ganz in der Bevölkerung des Gastlandes auf (Hofstede 2006, 443-463).

Interkulturelle Verhandlungen und internationale Organisationen haben etwas Gemeinsames. Auch die multinationale Unternehmensorganisation bedarf der interkulturellen Reflexion. Nur die eigene Bevölkerung kann zur Entwicklung eines Landes beitragen –, Entwicklung findet in den Köpfen statt, nicht im Materiellen. In der Entwicklungsarbeit geht es um die Entwicklungspartnerschaft. Ihr Scheitern liegt nicht nur in institutionellen Problemen der Empfängerseite begründet. Interkulturelle Kommunikation muss erlernt werden und bedarf der Fertigkeiten. Es geht um das Erkennen von Information über andere Kulturen. Die Bewusstmachung kultureller Unterschiede ist ein erster Schritt (Hofstede 2006, 465-495). Es gibt in kulturellen Angelegenheiten keine normalen Positionen. Die hauptsächlichen kulturellen Unterschiede zwischen den Völkern liegen in den Werten. So müssen die Menschen zu einem interkulturellen Verständnis erzogen werden.

Durch die Globalisierung wird der Nationalismus immer mehr in die Subkulturen abgedrängt. Es kommt zu einem Anwachsen nichtterritorialer Identitäten und zu einer kulturellen Hybridisierung. Auf der anderen Seite bildet sich ein kosmopolitisch-universalistisches Weltbürgertum und internationales Nomadentum heraus. Heimat wird regionalisiert. Die Identität hängt von gemeinsamen Leitbildern ab. Gibt es aber so etwas wie ein indigenes Bewusstsein? Ein indigenes Bewusstsein wird wohl kein Leitbild für ganz Lateinamerika sein können. Im Anwachsen begriffen sind plurale nationale Identitäten. Transnationale Identitäten wie Klassen (Wissenschaftler, Manager, Ingenieure, oder Jugendkultur) bauen sich in zunehmendem Maße auf. Indigene Identität und Nationalität werden durch Globalisierung komplizierter, nicht nur in den Anden. Mobilität verbunden mit einer regionalen Herkunft gibt es auch in Europa und in anderen Teilen der Erde. Doch oft gelingt es auch, kulturelle Identität trotz des Lebens in unterschiedlichen Welten durch Hybridisierung zu realisieren. Es kommt zur Entwicklung multipler Identitäten. Insofern könnte eine neue „Naivität“ indigener und lebensweltlicher bzw. Common Sense Mentalität ein Weg sein, um indigene Identität und Modernität miteinander zu verbinden. Dabei würde eine neue, reflektierte „Naivität“ als bewusst gelebte Perspektive des sowohl als auch, d. h. des Indigenen als auch des Globalen ein neue Leitbild für Identität werden. Sowohl regionale Heimat wie Weltbürgertum können in eine neue Haltung sekundärer Naivität oder Unmittelbarkeit als einen Reflexionsstatus führen, in der indigene Identität und moderne Globalisierung zusammengedacht und auch zusammengelebt werden könnten. Die Selbstverwirklichung liegt in diesem Zusammenhang im sowohl als auch, sowohl Tradition, als auch Modernisierung. Es bilden sich Kaleidoskopidentitäten mit spielerisch sich ergebender Pluri-Perspektivität heraus.

Die Zukunft Lateinamerikas liegt trotz aller Hochschätzung für die Inka-Hochkultur nicht allein in einer umfassenden Rückbesinnung auf das Indigene, was immer das auch heißen mag. Indigene Traditionen können zwar beim Wiederaufbau neuer Identitäten behilflich sein und so die Regionalisierungswelle aufgrund von Globalisierung unterstützen. Insgesamt wird eine Neuformulierung moderner Werte wie Autonomie und Selbstverwirklichung erforderlich sein, wie ich sie in Irrgang 2007 beschrieben habe. Spezifische Formen lateinamerikanischer Vergemeinschaftung und eingebetteter Autonomie wären zu entwickeln, doch nicht von einem Europäer und verweise deshalb auf Salas 2003. Ein wichtiger Aspekt für das Gelingen dieses Unternehmens ist die Aufarbeitung der Kolonialgeschichte als Vorgeschichte der Globalisierung. Eingebettete Autonomie gehört zu den identitätsstiftenden Werten für das südliche Lateinamerika, die weiter zu entwickeln sind. Dabei sollten indigene Werte eine Rolle spielen, aber nicht das einzige Leitbild abgeben, welches verfolgt wird. Von besonderer Bedeutung wird sein, ob es gelingt, als größeren und umfassenderen Zukunftshorizont „Langzeitverantwortung“ und „nachhaltige Entwicklung“ im Sinne einer alternativen Modernität mit lateinamerikanischer Einfärbung als zukunftsfähiges Leitbild zu etablieren.

Literatur

Adeney, B. 1995; Strange virtues. Ethics in a Multicultural World; Illinios

Barloewen, Constantin von 1995: Cultural History and Modernity in Latin America. Technology and Culture in the Andesregion; Providence/Oxford

Brackert, H., F. Wefelmeyer 1984: Naturplan und Verfallskritik. Zu Begriff und Geschichte der Kultur, Frankfurt

Corona, Nestor; Bernhard Irrgang 1999: Technik als Geschick? Geschichtsphilosophie der Technik; Dettelbach

Dosi, G. 1984: Technical Change and Industrial Transformation. The Theory and an Application to the Semiconductor Industry; Houndsmills

Feenberg, Andrew 1999: Questioning Technology, London 1999

Feenberg, Andrew 2002: Transforming technology. A critical theory revisited; Oxford

Feenberg, Andrew 2003: Modernity theory and technology studies: reflections on bridging the gape; in: J. Misa Philip Brey, A. Feenberg (Hg.). Modernity and technology, Cambridge/London, 73-104

Figuerua, Dimas 2004: Philosophie und Globalisierung; Würzburg

Habermas, Jürgen 1998: Die postnationale Konstellation; Frankfurt

Hofstede, Geert u. Gert Jan 2006: Lokales Denken, globales Handeln. Interkulturelle Zusammenarbeit und globales Management, [3]2006 München

Ihde, Don 1990: Technology and the lifeworld. From garden to earth; Bloomington Indianapolis

Irrgang, B. 1982: Skepsis in der Aufklärung. Zur Rekonstruktion der Bedeutung skeptischer Argumentation und ihrer Widerlegung in Versuchen der Rechtfertigung ihres Anspruchs als 'Siècle philosophique'; Frankfurt

Irrgang, Bernhard 1989: Ethische Implikationen globaler Energieversorgung; Stimmen der Zeit 207, 607-620

Irrgang, Bernhard 1995: Von der Technologiefolgenabschätzung zur Technikgeneseforschung. Leitbilder in einer verantwortungsethischen Konzeption der Technologiegestaltung; in Forum für Interdisziplinäre Forschung 14, 13-25
Irrgang, Bernhard 1996a: - Ein Ethos ökologisch orientierter Humanität als Weltethos; in: Ekkehard Kessler (Hg.): Ökologisches Weltethos im Dialog der Kulturen und Religionen, Darmstadt 1996, 216-225
Irrgang, B. 1996b: Die ethische Dimension des Nachhaltigkeitskonzeptes in der Umweltpolitik: in: Ethica 4 (1996) H. 3, 245-264
Irrgang, Bernhard 1996: Von der Technologiefolgenabschätzung zur Technologiegestaltung. Plädoyer für eine Technikhermeneutik; in: Jahrbuch für Christliche Sozialwissenschaften 37 (1996), 51-66
Irrgang, Bernhard 1998: Praktische Ethik aus hermeneutischer Perspektive; Paderborn
Irrgang, Bernhard 2001a: Technische Kultur. Instrumentelles Verstehen und technisches Handeln; Paderborn
Irrgang, Bernhard 2001b: Etica y Hermeneutica; in: Excritos de Filosofia (Buenos Aires) 39/40 2001, 3-26
Irrgang, Bernhard 2002a: Technische Praxis. Gestaltungsperspektiven technischer Entwicklung; (Philosophie der Technik Bd. 2); 238 S.; Paderborn 2002
Irrgang, Bernhard 2002b: Technischer Fortschritt. Legitimitätsprobleme innovativer Technik; (Philosophie der Technik Bd. 3); 218 S.; Paderborn 2002
Irrgang, Bernhard 2002cNatur als Ressource, Konsumgesellschaft und Langzeitverantwortung. Zur Philosophie nachhaltiger Entwicklung; 259 S.; Technikhermeneutik Bd. 2; Dresden 2002
Irrgang, Bernhard 2003a: Von der Mendelgenetik zur synthetischen Biologie. Epistemologie der Laboratoriumspraxis Biotechnologie; Technikhermeneutik Bd. 3; Dresden
Irrgang, Bernhard 2003b: Technologietransfer transkulturell als Bewegung technischer Kompetenz am Beispiel der spätmittelalterlichen Waffentechnologie; in: Wissenschaftliche Zeitschrift der Technischen Universität Dresden 52 (2003) Heft 5/6,91-95
Irrgang, Bernhard 2004: En camino nacia una metatecnologia; in: Erasmus. Revista para el dialogo intercultural: Tecnologia y Teologia; Ano VI-Nr.1-2004, 65-78
Irrgang, Bernhard 2005a: Posthumanes Menschsein? Künstliche Intelligenz, Cyberspace, Roboter, Cyborgs und Designer-Menschen - Anthropologie des künstlichen Menschen im 21. Jahrhundert; Stuttgart
Irrgang, Bernhard 2005b: Einführung in die Bioethik; München
Irrgang, Bernhard 2006a: Technologietransfer transkulturell. Komparative Hermeneutik von Technik in Europa, Indien und China; Dresden Philosophy of Technology Studies 1; Frankfurt u.a.

Irrgang, Bernhard 2006b: Innovationskulturen: Bedingungen technischer Kreativität; in: G. Abel (Hg.): Kreativität. 20. Deutscher Kongress für Philosophie 26.-30. September 2005 an der TU Berlin; Hamburg 2006, 290-300

Irrgang, Bernhard 2006c: Technik als Grundlage weltumspannender menschlicher Kultur. Technikphilosophische Reflexionen im Anschluss an Ortega y Gasset; in: Ch. Rodiek (Hg.) Ortega y la Cultura Europea; Frankfurt u.a. 2006, 101-118

Irrgang, Bernhard 2007: Hermeneutische Ethik. Pragmatisch-ethische Orientierung für das Leben in technologisierten Gesellschaften; Darmstadt 2007

Irrgang, Bernhard, Ricardo Maliandi 2003: Technikphilosophie in Lateinamerika. Themen, Probleme und Entwicklungsperspektiven am Beginn des 21. Jahrhunderts; Dresden

James, Jeffrey 2002: Technology, Globalisation and Povertry, Cheltenham, Northampton

Jauss, H. R. 1971: Artikel antiqui/moderni; in HWP 1, 410-414

Kristeller, P. O. 1951: The Modern System of the Arts: A study in the history of Aesthetics; in: Journal of History of Ideas 12 (1951), 496-527

Magnis-Suseno, F. von 1990: Neue Schwingen für Garuda. Indonesien zwischen Tradition und Moderne; München

Mitcham, Carl 1993: (Hg.) Philosophy of Technology in Spanish speaking countries; Dordrecht

Mitcham, Carl, Marcos Garcia de la Huerta 2001: La Ética en la Profesiòn de Inginiero. Ingeniería y ciudadanía; Santiago de Chile

Niekisch, S. 2002: Kolonisation und Konsum. Kulturkonzepte in Ethnologie und Cultural Studies; Bielefeld

Rendtorff, Jacob, Adam Diderichsen, Peter Kemp 1997: (Hg.). Social development between intervention and integration; Kopenhagen

Redner, Harry 2004: Conserving cultures. Technology, globalisation, and the future of local cultures; Lanham u. a.

Sahlins, M. 1994: Kultur und praktische Vernunft; übersetzt von B. Luchisi ([1]1976); Frankfurt

Salas, R. 2003: Ethica intercultural. Ensayos de una éthica discursiva para contextos culturales conflictivos. (Re) Lecturas del pensamiento latino americano; Santiago

Stamm, Andreas u.a. 2000: Ansatzpunkte für nachholende Technologieentwicklung in den fortgeschrittenen Ländern Lateinamerikas: das Beispiel der Softwareindustrie von Argentinien; Bonn

Toulmin, St. 1994: Kosmopolis: Die unerkannten Aufgaben der Moderne; Frankfurt

Scholte, Jan Aart 2005: Globalisation. A critical introduction; ([1]2000); London

Tomlinson, John 1999: Globalisation and culture; Chicago

Walter, Achim 2003: Technologietransfer zwischen Wissenschaft und Wirtschaft. Voraussetzung für den Erfolg; Wiesbaden

Young, R. 1995: Colonial desire. Hybridity in theory, culture and race; London, New York

Autorenvitae

Ricardo Salas, Chilene, Professor der Philosophie an der katholischen Universität Silva Henríquez. Zugleich leitet er ein Forschungsprojekt über die Entwicklung der Mapuche im Bereich zeitgenössischer Studien. Er hat seine Doktorarbeit über eine Hermeneutik der religiösen Sprache der Mapuche geschrieben. Außerdem verfasste er mehrere Artikel über die Religion der Mapuche und die weitverbreitete populäre Religiösität in Chile. Buchveröffentlichungen: „Lo Sagrado y lo Humano“, Santiago 1996. Er untersuchte ebenfalls das Problem der Identität und veröffentlichte 2003 „Ética Intercultural“.

Fidel Tubino ist ein Forscher aus Lima. Er studierte viele Jahre die Integration zwischen Kultur und Politik. Er ist Doktor der Philosophie an der katholischen Universität de Lovaina. Er ist Dekan der Fakultät der Sprachwissenschaften der PUCP. Außerdem ist er Koordinator beim internationalen Netzwerk für interkulturelle Studien. Er veröffentlichte unzählige Artikel in Fachzeitschriften. Seine bekanntesten Bücher sind „Interkulturalität“: Eine Herausforderung. 1992 erschienen mit Maria Heisse. „Die Auswirkungen der Globalisierung in der Bildung“, 1994 erschienen mit Juan Abugattás.

H. C. F. Mansilla (geboren 1942), argentinischer und bolivianischer Staatsbürger, studierte Politikwissenschaft und Philosophie an der Freien Universität Berlin. Promotion 1973 und Habilitation 1976. Lebt als freier Schriftsteller in La Paz (Bolivien). Gastprofessuren an Universitäten in der Schweiz, Spanien und Australien. Zahlreiche Buchveröffentlichungen in Deutschland, Spanien und Lateinamerika.
Wichtigste Bücher: „Die Trugbilder der Entwicklung in der Dritten Welt. Elemente einer kritischen Theorie der Modernisierung“, Paderborn / Zürich: Schöningh 1986; „Harmoniebedürfnis und Verewigung von Herrschaft. Elemente einer kritischen Theorie der Macht“, Münster / Hamburg: LIT-Verlag 1994

Bernhard Irrgang, geboren 1953, seit 1993 Professor für Technikphilosophie an der TU Dresden; Lehrtätigkeit auch auf dem Gebiet der angewandten Ethik; 1973-1982 Studium der Philosophie, katholischen Theologie, Germanistik und Indologie an der Universität in Würzburg; 1983 bis 1986 Studium der katholischen Theologie und Philosophie in Passau und München; 1979 Erstes Staatsexamen für das LA an Gymnasien, 1982 Promotion in Philosophie an der Universität in Würzburg; 1983 bis 1985 Referendariat für das LA an Gymnasien in Landshut; 1985 Wissenschaftliche Hilfskraft in Philosophie an der TU Braunschweig; 1986-1991 Akademischer Rat am Institut für Moraltheologie München; 1992/93 Wissenschaftlicher Mitarbeiter am Institut für Systematische Theologie an der Universität Siegen; 1991 Promotion in Theologie in Würzburg;

1992 bis 1993 Lehrbeauftragter des Genzentrums in München; Habilitation in Philosophie 1996 an der Universität Bamberg.

Sybille Winter (geboren 1975), deutsche Staatsbürgerin, Staatsexamen für LA Ethik und Geographie, studierte an der TU Dresden und schrieb ihre Doktorarbeit über „Bioethik in Lateinamerika. Ein Vergleich zwischen der USA, Europa und Lateinamerika.“ Von 2000 bis 2003 war sie wissenschaftliche Mitarbeiterin am Institut für Technikphilosophie an der TU Dresden. Sie unterrichtet am Gymnasium Ethik und Geographie (Referendariat) sowie an der TU Dresden Ethik/Philosophie.

Dresden Philosophy of Technology Studies
Dresdner Studien zur Philosophie der Technologie

Edited by/Herausgegeben von Bernhard Irrgang

Vol./Bd. 1 Bernhard Irrgang: Technologietransfer transkulturell. Komparative Hermeneutik von Technik in Europa, Indien und China. 2006.

Vol./Bd. 2 Bernhard Irrgang / Sybille Winter (Hrsg.): Modernität und kulturelle Identität. Konkretisierungen transkultureller Technikhermeneutik im südlichen Lateinamerika. 2007.

www.peterlang.de

FSC
www.fsc.org
MIX
Papier | Fördert gute Waldnutzung
FSC® C083411

Kolibri 360 GmbH
Ferdinand-Jühlke-Straße 7
99095 Erfurt, Deutschland
produktsicherheit@kolibri360.de

Druck:
CPI Druckdienstleistungen GmbH
im Auftrag der
Kolibri 360 GmbH
Ferdinand-Jühlke-Str. 7
99095 Erfurt